马云的处世之道

李维文 著

前言

“小企业家成功靠精明，中企业家成功靠管理，大企业家成功靠做人！”马云的这句话为大多数人所知，也让很多人对企业家这个概念有了新的认知。一个成功的企业家不但具有一流的管理能力，更是一个为人处世的高手，这刚好印证了“一流的成功者做人不做事，二流的成功者做事不做人”这句话。我们生活在由人组成的社会中，懂得做人是立足于社会的资本，对于这一点，马云显然有着清楚的认识，他一直认为，要成就事业，做人远比做事重要得多。

马云算得上是中国企业界开天辟地的领军人物了，可追溯他的成长，我们很难用一两句话说清楚。

马云在 30 岁之前过得非常不顺，小时候的他身材瘦小，营养不良，他在学校里的成绩除了英语好点，其他的科目差得一塌糊涂，从来就是不被老师看好的学生。高考时，连连受挫，直到第三次高考后他才勉强进了一所三流学校。可以说马云是个平凡得不能再平凡的人了。

即便是在创业时，马云也是吃尽了苦头。他创立中国黄页网站，为了网站四处推销，被人看成是骗子。而当他的中国黄页开始被大家接受时，他又因为种种原因被迫离开。他北上北京想东山再起，经过苦苦打拼有了点起色，又发现这并不是他想要的事业，只得回到杭州老家创建阿里巴巴。这一次他终于找到了自己一辈子的事业，即便如此，他也并非一帆风顺，经历了域名风波、短信网址争执、黑名单等事件的冲击，他的淘宝网也是几经波折，收购雅虎中国后又面临着Google和百度这两个强大对手的竞争……

在众多的知名企业家当中，也只有马云的人生经历最具有传奇色彩。他的创业可说得上是历尽风雨坎坷，可他有着顽强的毅力，对事业充满了激情，他追求的是永无止境，遇到困难又能百折不挠、永不放弃。

这个身上曾经背负着“骗子、疯子、狂人”等诸多称号的人，却成为开创网商时代的第一人，成为众多中小企业的解救者，成为中国大陆第一个登上《福布斯》杂志封面的人。他对互联网一窍不通，却打开了网络贸易的大门，成为家喻户晓的创业教父。他曾经被人视为只会说大话的草根创业者，却打造了中国最领先的电子商务平台。他个子矮小，相貌丑陋，看上去像个外星人，却成为IT界最具领导气质的人。

有人说，马云的成功来源于他独特的思维模式，但是究其根本，还是因为马云在为人处世上将格局做到了最大。马云说：“因为有使命感，你就有这种胸怀，让别人去说，自己知道自己在做什么，而且我一定要把它做出来，比如我胸怀超大，希望改变人类。我希望影响别人，帮助别人，我有这种使命感。这样，你往前走的时候，就如网上那句话，很傻很天真。别人看他很傻很天真，但是他比谁都意志坚强。从这里你可以看得到，胸怀就是他根本不在乎别人是怎么评价他的。谁冤枉你，你无所谓。为什么这称得上是胸怀呢？是因为他有强烈的意志要活下去。我想改变别人，我想完善这个社会，这就是领导者的气质。”

马云曾经发誓要做102年的企业，要让阿里巴巴成为全世界最伟大的公司，因此马云给阿里巴巴树立了一个目标：一定要将互联网带进网商的时代。马云的目光始终停在整个世界的大局上，因为他的目的是解救全世界的中小企业。为了实现这个目标，他能在6天的时间里跑遍13个国家去谈业务。是的，现在的马云已经站在世界的巅峰，就连英国前首相布莱尔访华时，也直接点名要见中国的马云，因为“他正在改变全球商人做生意的方式”。有人甚至预言下一个替代比尔·盖茨成为全球首富的人肯定是马云。

马云的创业成功给人的感悟和启发真是太多太多了，以至于很多人都想通过了解他的创业经历，学习他为人处世的方法以及他的智慧，来找到通往成功的道路。这也是编写本书的出发点。

本书辑录了马云的一些人生智慧语录，每一条语录下都以马云的个性人生经历为依托，拓展阐述，想以精辟的阐释让每个读者在了解马云人生经历的同时，也能从文字中领悟到一些他的人生智慧，为己所用。本书共有 11 个大章，分别从坚持、克己、胆识、智慧、聚人、社交、御敌、倒立、魅力、感染和责任这 11 个方面，对马云的人生进行了分门别类的梳理，希望读者通过阅读，从马云身上获得启发，早日取得属于自己的成功。

目录
CONTENTS

第三章

胆识：敢想敢干就没有难做的事

第四章

智慧：有头脑才能生存于江湖

第五章

聚人：用合适的人来打造坚实后盾

第六章

社交：玩转交际圈，扩展人力资源

第七章

御敌：有对手，才会发展得更好

第八章

倒立：学会倒过来看，永远不做大多数

第九章

魅力：由内而外散发自信

第十章

感染：把激情传递给每一个人

第十一章

责任：心系天下，做个“社会设计师”

附录 1

马云经历中的大事

附录 2

马云演讲

第一章

坚持：

任何困难都必须你自己去面对

小聪明不如傻坚持

年轻人做任何事，都要执着地坚持下去，因为有坚持就会有奇迹。有时候小聪明还真不如傻坚持，守得住寂寞才能成器。

——马云

这个世界上的确有很多从一出生就身世显赫的人，但绝大部分人都是平凡的普通人，从同样的起点开始自己的人生道路，最终有人成功了，有人失败了。失败的原因或许各有不同，但成功的人，必定都是坚持到最后的。

在中国，马云是个神话一般的人物，他出身草根阶层，白手起家，一步一步走上人生的顶峰。在所有的光环背后，是他付出的艰辛和汗水，就像他自己所说的，他一直都不是个聪明人，能够获得成功，都是因为有着“傻坚持”的韧劲。

儿时的马云家庭条件并不好，家里不富裕，父母还是半文盲，因此他从未接受过良好的家庭教育，从小学到中学，马云的数学成绩始终都是30分以下。1982年，马云18岁，第一次参加高考，填报了北京大学，但是他的数学只考了1分。落榜后的马云很沮丧，觉得自己不适合考大学，便开始四处打零工赚生活费。有一次，他骑着三轮车给一家单位运书时，捡到了一本名为《人生》的书，那是作家路遥的一部中篇小说。读了这本小说后，马云被故事主人公执着追求理想的精神所感动，决定再战高考。可是，光有决心是没有用的，这一次，马云的数学只考了19分，再次败北。父母都已经对他不抱希望了，认定马云不是读书的料，不如安心学点手艺，能养活自己就够了。可是马云不愿放弃，他不顾家人的极力反对，毅然开始为自己的第三次高考做准备。他白天上班赚生活费，晚上到夜校上课补习，周日一大早就赶到浙江大学图书馆读书。临近高考时，数学老师给马云泼了一盆冷水："如果你能把数学考及格，我把我的姓倒着写。"马云不服气，数学考试前一天，他把十个数学基本公式背得烂熟，考试时就用这十个公式挨个套。结果，这一次的数学考试，马云不仅及格了，而且还考了79分。

第三次高考，马云终于考上了杭州师范学院。对他来说，三次高考经历带给他的，不仅仅是考上大学这么简单，他从中学会了坚持，这是他今后迈向成功的必要品质。从那时起，马云就凭着自己的执着，每做一件事，一定要做成才肯罢休。

1992年4月，已经当上全职英语教师的马云，利用业余时间踏上了创业之路，和几个朋友一起创办了海博翻译社。然而，没过多久，海博翻译社就面临了巨大的困难，连房租都交不起，合伙的几个朋友都觉得办翻译社无利可图，还赔进去很多钱，不如趁早放弃，免得越赔越多。马云虽然心里也没什么底气，但还是决定坚持下去，他说："要做一件事，无论失败与成功，总要试一试、闯一闯，不行你还可以掉头；但是你如果不做，总走老路子，就永远不可能有新的发展。"为了把翻译社维持下去，马云背着大麻袋到义乌、广州等地进货，贩卖小工艺品，以弥补翻译社的日常开销。这种"杂货生意"，马云一干就是三年，凭着这种"傻坚持"，他不仅养活了翻译社，还将海博翻译社发展成为杭州最大的翻译机构。

马云从来都不觉得自己的"傻气"是坏事，他甚至认为"傻"是一种优点："我特别喜欢又傻又天真地坚持自己的想法，然后又猛又持久地走自己的路。"

我们都知道"罗马不是一天建成的"这个道理，做事业是个漫长的过程，是一场持久战，不可能一蹴而就，这就需要有足够的毅力来坚持。每个人在一生当中都会有无数次小成功，但是想要成就大事业，获得大成功，并不是每个人都能做到的。大部分人不愿花费太多的精力和时间，不愿意坚持下去，总是"见好就收"，或者"见坏就收"，靠着一点点小聪明来投机取巧，这样的人或许可以做成几件小事，但绝不可能取得大成功。长年滴水才能穿透顽石，宏伟的建筑也是靠一砖一瓦垒砌起来的。"傻坚持"并不傻，因为只有坚持下去的人，才是离目标最近的、最有可能成功的人。

在美国淘金时代，一个名叫达比的年轻农民卖掉了所有家产，来到科罗拉多州，追寻他的黄金梦。他找好了一块地，围了起来，用简单的工具开始了挖掘工作。几十天过去了，达比的努力没有白费，金矿石终于露了出来，在地下闪闪发光。要想继续开采金矿石，仅靠简单的工具是不可能的，达比必须想办法弄到挖掘机，然而他手里没有足够的钱，他只好把金矿掩埋起来，悄悄回到家，重新开始赚钱买机器。当他终于赚够了钱，买来了机器，继续挖掘时，却发现，挖出来的只不过是一堆普普通通的石头。达比万分沮丧，认为金矿已经枯竭了，自己付出的所有心血都成了徒劳。他无法继续承受日益沉重的经济压力和精神压力，只好把机器当作废铁卖掉，然后打道回府了。收购机器的人用低价捡了大便宜，于是请来一位矿业工程师对达比挖掘的那块地进行勘测，得出的结论是：只要再往下挖三尺，就很有可能遇到金矿。收购者立即开启机器，在达比挖掘的基础上继续挖下去，果然遇到了丰富的金矿，获得了几百万美元的利润。媒体报道了这件事，达比看到报道，又后悔又自责，但一切都已经太迟了。

“精诚所至，金石为开”，再坚持一下，就有可能成功，不放弃，就会一直拥有成功的希望。或许时间确实是我们要面临的最大考验，失败和挫折也是必经之路，但是当你抬起头来看看你梦想的那个目标，再回过头去看看你已经付出的努力，就会发现，每一步都是不断靠近梦想的过程，目标并不是遥不可及的，过程虽残酷，但坚持到最后，一定可以创造奇迹。

在非议声中坚信自己是对的

当今世界，我做得到的事情别人做不到，或者我可以做得比别人好，这太难了。但是，别人不愿意做，别人看不起的事，我觉得还是有戏，坚持不懈，就能做成，这是我自己这么多年来的一个经验。

——马云

当我们要做一件事时，经常会听到很多反对意见，这些意见或许是善意的，或许是恶意的，或许来自我们身边的人，或许来自我们的竞争对手，甚至还有很多“围观者”说了一些无心的闲言碎语，但这些话一旦入了耳，就很容易扰乱我们的内心。倘若我们的立场不坚定，过多地顾虑他人的看法和议论，不敢相信自己的判断，那么就很有可能半途而废，甚至把成功扼杀在摇篮里。每一个成功者都必须具备一种自信的、特立独行的精神，要坚信自己是对的，顶住非议，坚持自己的观点，才能够在芸芸众生中脱颖而出。

面对非议，马云总有着乐观的态度：“我不在乎别人怎么说，因为我永远坚信这句话，你说的都是对的，别人都认同你了，那还轮得到你吗？你一定要坚信自己在做什么……如果你坚信，如果你觉得有机会，那就向前走。”在国内的企业家当中，马云始终是颇受争议的人物，他的每一个决定都会引起人们广泛的议论。马云不仅不会受到影响，还会因此更加坚信自己是对的。在他看来，一个被所有人都看好的决定是不值得去执行的，只有那些能够引起极大争议的决定才是有意义的。

1999 年，马云刚刚创立阿里巴巴，就受到了来自各方面的压力，大家都说马云要做的事情是异想天开，完全不可能实现。当时，马云的团队只有 50 万元的创业资金，公司的办公室也仅仅是 140 平方米的普通住宅。整个团队中，只有马云一人对这项事业满怀信心，其他人都是将信将疑。

2001 年，阿里巴巴在资金上遇到了巨大的困境，网络上出现了各种对阿里巴巴的质疑和抨击，甚至有人在论坛里发帖说：“如果阿里巴巴能够成功，无异于把一艘万吨巨轮放到珠穆朗玛峰上。”就连阿里巴巴公司内部都出现了种种谣言，有人说“阿里巴巴的模式就是‘假大空’”，还有人说“马云上《福布斯》封面是黑金交易”，几乎每一个人都在质疑马云，质疑阿里巴巴。然而马云却说：“我就怕说我好，说我不好没有关系，我脸皮很厚……因为这两年一直被人家说不好，所以已经习惯了。我是外练一层皮，内练一口气。我就是厚脸皮，别人怎样骂你，你也要厚着脸皮不理会。我就要让他们看看，我是如何把这艘万吨巨轮从喜马拉雅山脚下抬到珠穆朗玛峰峰顶的。”

2002年，马云为阿里巴巴制定了全年盈利1元钱的目标，年底，这个目标实现了，马云提出了2003年的新目标：每天收入100万元，全年盈利1亿元。这个如同天方夜谭般的目标被公司所有人当成了笑话，公司的两位高管还提出要用1万元做赌注，赌马云的这个目标不可能实现。

2003年年初，“非典”的爆发给雄心勃勃的马云来了一个下马威，公司所在地被隔离了，但业务照常运行。在被隔离的12天里，马云做出了一个疯狂的决定：进军C2C，挑战全球电子商务巨头eBay！

当时的eBay刚刚吞并了国内C2C巨头易趣，正在蓄势待发，打算称霸中国市场。阿里巴巴的首席技术官吴炯听说了马云的决定，吓了一跳，觉得他疯了，苦口婆心地劝他放弃这个想法。然而马云坚信危险之中才会有机会，关键是你有没有勇气去把握。他认准了一件事，就要做到底。同年7月，马云成立了淘宝网，开始打入C2C领域，不到半年就跻身全球网站前70名，不到两年就占领了国内C2C市场的七成份额，把eBay这个强大对手打出了局。

那一年，“非典”给诸多企业带来了巨大的冲击，然而马云却化危机为转机，取得了出人意料的成功，实现了“每天收入100万元，全年盈利1亿元”的目标。那两位高管也愿赌服输，把1万元交到了马云手上，马云则用这笔钱请他们二人吃了一顿鲍鱼。

2003年年底，马云为接下来的两年制定出更加疯狂的目标：2004年实现每天盈利100万元，2005年实现每天缴税100万元。

面对更加激烈的反对声，马云依然坚持自己的决定，一个一个地实现了这些目标。从此，再也没有人敢跟马云打赌了。

从“骗子”到“疯子”，马云一路走来，饱受人们非议，但是他从不在乎别人的眼光，他说：“我不在乎别人怎么看我，只在乎自己怎么看这个世界。”

一位成功人士曾经说过这样的话：“创业就像在黑屋子里，一点亮都没有，但你要告诉自己，那就是有光的地方，告诉自己那是方向，然后跟团队说‘跟我走，那就是方向’。”用自己的眼睛去看世界，认准自己的目标，坚信自己是对的，即便陷入黑暗，也要充满希望，这是创业者必须具备的能力，每一个成功人士都是这样成长起来的。

在回忆自己的创业历程时，复星集团董事长郭广昌说道：“做企业到现在，我越来越感觉人是需要相信一点什么的。一个人最重要的是不要失去自己的方向，你认为什么是对的，千万不要因为外面的因素、舆论因素，就去做一个决定。在追求‘商业真理’的过程中，永远是要你自己去做决策，你永远是孤独的，这是没有办法的。这个‘孤独’并不是说你不需要自己的团队，你的团队也是孤独的，总是要开着自己的船往前走。人面对未来并不是能够看得很清晰。人为什么需要宗教？就是因为我们永远解决不了一个问题：我们不知道死后是怎么回事。这个问题科学没有办法解决，所谓的终极关怀只有宗教能解决。企业家该怎么做？该怎么样抵挡诱惑、克服贪婪与恐惧？说到底你心里一定要有自己的价值观，一定要相信点什么。”

一个成功的人不一定是头脑最聪明的、资源最丰富的，也不一定是最被看好的，但一定是最坚持自我的。这并不意味着成功人士都是莽撞的人，相反，他们非常清楚，做事业必然会面临风险，但事业的成功并非来源于重视风险或者无视风险，而是来源于对风险的正确评估，一旦有了自己的判断，就相信这样的判断，不再被别人的想法所左右，坚定不移地向着目标前行。

直面困难，跪着也要活下去

从创业的第一天起，你每天要面对的是困难和失败，而不是成功。我最困难的时候还没有到，但有一天一定会到。困难不是不能躲避，但不能让别人替你去扛。九年创业的经验告诉我，任何困难都必须你自己去面对。创业者就是要面对困难。

——马云

成功者展现在外人面前的都是光辉的一面，然而相比他们经历的艰难，光辉的一面仅仅是短暂的瞬间。成功之路要经历无数困难，付出巨大的代价，要想成就事业，就必须做好准备去迎接困难。就像驾船出海之前，预想自己会遇到最大的浪头，然后做好思想准备，当浪头真的扑面而来时，鼓起勇气迎头而上。

马云无疑就是这样的勇士。阿里巴巴在最初成立的四年里几乎没有赚到一分钱，每年都面临着亏损，处境相当艰难。最初创立阿里巴巴时，马云为了省钱，把自己家当作办公室，最多的时候35个人挤在一间屋子里，每天工作16～18个小时，地上放着一个睡袋，大家轮流钻到睡袋里休息。那些日子里，创业团队每人的月薪只有500元，马云的妻子也辞掉了教师工作，在家里倒贴伙食费给大家当厨师和勤杂工。

最困难的日子很快就到来了，团队一起凑的50万元，本来计划能撑10个月，但没过几个月就分文不剩了。接下来的两个月，团队没有钱，也看不到希望，每天只能硬撑。马云鼓励大家说："我们即使跪着活，只要活着一天，我们就赢了。"

马云就是靠着这样的精神，带领团队一天一天活下去，在艰难中摸爬滚打，最终推开了那扇通往希望的大门。

然而，这并不是终点，对于马云来说，最困难的时刻是在2006年阿里巴巴并购雅虎之后。尽管在此之前马云早已做好准备迎接困难，但是此次的艰难程度远远超出了马云的预想。"本来我想，花了50亿元人民币购入的雅虎中国，应该还有份不错的家底，进去之后才发现问题已经严重到这种程度。这就好像医生给病人开刀检查，结果发现癌细胞扩散了，大部分器官都已经病变。"马云对雅虎中国的业务进行了全面性诊断，发现大部分业务都已经病入膏肓，就如同一个无药可救的病人一样。

马云没有被这样一个"烂摊子"吓倒，在他看来，"创造总是艰辛的，顺利总是短暂的，而艰苦是永恒的。我们正在创造这家伟大公司的历史，我们就要有信心去面对这些困难、问题和错误”。他立即开始给这位“病人”做大手术，把“坏死”的部分“切除”，再给“病变”的部分“用药”，让“病情”稳定下来，但这还没有结束，“假如说一年时间，我就能整合出效果，那是不可能的，第一年让公司活下来，那就算是妙手回春啦，第二年再让公司健康起来，第三年就让公司恢复强大”。每一年都要比前一年更加艰难，但是马云就像创业时一样，再大的困难，硬着头皮也要迎上去，一步一步地走，一个坎一个坎地迈，就这样，带领着雅虎中国活了下来。

回忆起自己经历过的困难，马云感慨地说：“你要不断地克服一个又一个的困难，获得更大的成功……从创业的第一天起，任何一个创业者都要有这个心理准备，每天要思考自己未来的10年、20年要面对什么。要记住，你碰到的倒霉事情与这几十年遇到的困难比，只不过是很小的一部分。”“每次打击，只要你扛过来了，就会变得更加坚强。我又想，通常期望越高，失望越大，所以我总是想明天肯定会倒霉，一定会有更倒霉的事情发生，即使明天真的有打击来了，我也就不会害怕了。困难除了重重地打击我，又能怎样？来吧，我都扛得住。抗打击能力强了，真正的信心也就有了。”

英国小说家W.M. 萨克雷曾说过：“只要你勇敢，世界就会让步。如果有时它战胜你，你就要不断地勇敢再勇敢，世界总会向你屈服。”当困难来临时，有些人会不知所措，随波逐流，让自己陷入被动的僵局；还有些人会直面困难，勇猛交锋，突破障碍，最终获得光明。不同的选择、不同的心态所带来的结果也是截然不同的。人们常说“失败乃成功之母”，其实困难也是成功的基石，倘若不经历困难的考验，那么所取得的成功也必定不够完美。困难是一种宝贵的财富，让来之不易的成功显得更加珍贵。困难并不可怕，逃避困难是最不明智的做法，躲得了一时，躲不了永远，困难永远在那里，不战胜它，它就会积蓄力量，直到爆发。所以，当困难出现时，要坦然面对，找准方法一一击破，要知道，直面困难就是战胜困难的第一步。

美国玛丽·凯化妆品公司的董事长玛丽·凯就曾经历创业的艰辛甚至失败的历练，她曾面对不断袭来的痛苦，她曾走过无数的弯路。但这些都不足以磨灭她的意志，在困境面前，她没有退缩，经过艰难的历程，她终于荣登化妆品行业“皇后”的宝座。20世纪60年代初，玛丽·凯退休了，但她并不安于闲适安宁的退休生活，而是突然萌发了出去冒险的念头。在经过一番考虑后，她决定拿出自己全部的积蓄——5000美元，作为创办玛丽·凯化妆品公司的启动资金。对于她的“狂热”举动，她的两个儿子给予了大力支持，他们也加盟了她的公司，虽然只能拿到250美元的月薪，但他们都义无反顾。玛丽·凯很清楚，这是一次冒险，稍有不慎，一生积攒的辛苦钱将血本无归，更有甚者，两个儿子的未来也将断送在自己手里。公司成立后举办了一次展销会，玛丽·凯隆重推出一系列护肤品，这些护肤品有着奇特的功效。玛丽·凯原以为会引起轰动，一鸣惊人，但事情的发展却出人意料，在整个展销会期间，公司只赚了1.5美元。这真如当头一棒，让她禁不住痛哭失声。严酷的现实使她认真审视了自己，她的公司在展销会期间，从未主动邀请别人订货，也没向外发出订单，她只寄希望于女士们自己主动上门来。她认识到，商场如战场，眼泪是换不来成功的。她擦干眼泪，从失败中坚强地站立起来，信念并未因此泯灭，而是更加坚定。玛丽·凯调整公司的营销战略，在重视生产管理的同时，倾注力量加强销售队伍的建设。在经过20年的努力后，玛丽·凯终于实现了自己的梦想。她的团队已经由最初的9人发展到如今拥有5000多人的强大阵容。一个家庭式的公司如今已经成为一个国际性的大公司，销售队伍发展到20万人，超过3亿美元的年销售额，这就是如今呈现在世人面前的玛丽·凯化妆品公司。

自古以来，所谓成功人士大多经历过种种困难，他们之所以成功，就在于他们面对困境时，表现出了决不屈服的精神。在他们眼里，困难就是最好的课堂，在这里，他们增长了见识，磨炼了意志，坚定了信念，然后一步一个脚印地走向了成功。

永不放弃，成为最后一个倒下的人

今天很残酷，明天更残酷，后天很美好，但是绝大多数人死在明天晚上，所以，每一个人都不要放弃今天。

——马云

成功的事例举不胜举，成功的方式千差万别，但有一点是共同的，那就是没有一次成功是天上掉下的，没有一次成功是不费吹灰之力的，正所谓“自古雄才多磨难，从来纨绔少伟男”。马云的创业史也证明了这一点，他的宗旨“永不放弃”，就说明了成功之不易，成功之艰辛。“即使是泰森把我打倒，只要我不死，我就会跳起来继续战斗！”这是马云 1999 年 3 月在湖畔花园的起誓会议上说过的话，流露出他永不言败的气概。

对于全世界来说，2001 年是互联网遭遇噩梦的一年。随着国际上网络泡沫的破灭，在此之前与英雄、财富和未来联系在一起的互联网，这时竟被人们视为骗子和投机。国内市场同样暗淡，因为国内互联网的不规范运作，使得国际资本在中国的投资遭遇中国规则的影响，于是，国际资本不再认可中国的互联网公司，中国的互联网公司甚至被排斥。

这样的趋势也表现在股市上，一些和互联网关系密切的公司，股价一般都跌得很快，比如，微软跌了一半，英特尔跌了将近三分之一，而思科的股价仅剩最高价的六分之一。更不要说中国的公司了，新浪上市时 20 美元，最高 50 美元，当时就剩 1 美元了；搜狐最高 13 美元，当时竟只有 90 多美分，只有最高时的二三十分之一。

在严酷的现实面前，许多人打起退堂鼓，公司倒闭，从业者转行，大家各自另谋生路。几家仍在观望的互联网公司，日子也是暗淡得很，有的公司甚至不敢称自己经营的是互联网业务。

当然，执意坚守的也有，比如马云，他还是痴心不改地一如既往地坚持着，因为他坚信，互联网必将主导世界的新网络经济体系，他的信念不变。所以他才敢拍着胸脯对孙正义说："孙先生，一年前你为我融资的时候，我向你要钱的时候，我讲的是这个梦想（电子商务），今天我仍然要告诉你，我还是这个梦想，唯一的区别是我朝我的梦想往前了一步，而且我还在往前走！"孙正义回应道："你是唯一一个三年前对我说什么、现在还对我说什么的人！"

总结马云成功的经验，重要的一点就是坚定的信念，任何时候都不放弃。在2004年CCTV年度十大经济人物的颁奖典礼上，马云就曾这样讲道："我觉得最大的经验就是千万不要放弃，要勇往直前，而且不断地创新和突破，突破自己，直到找到一个正确的方向为止。跌倒了爬起来，又跌倒再爬起来。如果说有成功的希望，就是我们始终没有放弃。"

正是靠着永不放弃的精神，阿里巴巴才熬过了互联网的冬天，就像马云说的那样："放弃是很容易的，但从挫折中站起来是要花很大力气的。结束，一份声明就可以了，但要把公司救起来，从小做大，要花多少代价？！英雄在失败中体现，真正的将军在撤退中出现。"

2008年12月6日，在"2008中国企业领袖年会"的现场，马云出现了。他回忆起互联网曾经的冬天，深有感触地说："那次我的口号是'成为最后一个倒下的人'。即使跪着，我也得最后倒下。而且，我那时候坚信一点，我困难，有人比我更困难，我难过，对手比我更难过，谁能熬得住，谁就赢。放弃是最大的失败，假如你关掉你的工厂，关掉你的企业，你永远没有再回来的机会。”

说起创业，人们常以为那是甩开大步勇敢前行，事实上，创业更像孩童蹒跚学步，摔倒是常有的事，人就是在不断摔倒又爬起来的反复磨炼中成长的，只有不放弃，才会最终站立起来，大步向前。

华为总裁任正非曾经说过：“什么叫成功？经九死一生还能够好好地活着，这才是真正的成功！”成功的道路，绝不会也绝不可能是一帆风顺的。从某种意义上说，这就是一条不归路，创业者要时刻做好爬着，甚至滚着前进的准备。

心理学家有个实验很耐人寻味，他们在一个盛了水的器皿中放入两只白鼠，白鼠在水中拼命挣扎求生，可是大约 8 分钟后一切就都结束了。接下来，在同样的器皿中放入另外两只白鼠，它们同样惊恐地挣扎。5 分钟后，实验人员向器皿中放入一个跳板，通过它，白鼠可以跳出器皿。两只白鼠果然逃了出来。实验继续，再将这两只经过生死考验的白鼠重新放入同样的器皿，竟出现了这样的结果，两只白鼠在没有跳板的情况下，居然坚持了 24 分钟。

总结实验的结果可以得出这样的结论：开始的两只白鼠，因为没有看到逃生的希望，仅靠自身的能力挣扎求生，因此坚持的时间短，而经过生死考验最后又得以成功逃生的白鼠，便有了一种“不放弃”的力量和希望，因为它们曾经看到过逃生的跳板，它们期待着奇迹再次发生。这就是期待和希望的力量。

人类也常常处在挣扎中，是求生还是放弃？也许我们遭遇的困境和绝境要远远超过白鼠，谁都免不了困惑甚至绝望，但希望和光明其实并未远离我们，只是我们没有看到，或没有坚韧地期待，特别是没有创造有利的条件，让希望离我们近些再近些。如果我们选择放弃，希望也许就会和我们擦肩而过；如果选择了不放弃，希望就会变成现实。

有这样一个故事，曾经有个汽车推销员，刚开始做销售时，老板给了一个月的试用期。生意很不好做，眼看期限要到了，他一部车也没卖出去。当最后一天到来时，老板准备收回他的车钥匙，不再留用他了。推销员恳请老板让他做到试用期的最后时刻。终于在午夜时等来了一个人，但这个人不是来买车的，而是来卖锅的。他问推销员是否买口锅。推销员见卖锅的身上挂满了锅，浑身冻得瑟瑟发抖，便赶紧请他到车里来取暖，还为他递上一杯热咖啡。推销员问卖锅的："假如我买了你的锅，你还会做什么？"卖锅的回答："接着赶路，争取再卖一个。"推销员又问："要是都卖完了呢？"卖锅的回答得很干脆："那就回家再背几十口锅来继续卖。"推销员刨根问底："你的锅越卖越多，走的路也越来越远，那时该怎么办？"卖锅的回答正合推销员的心意："到那时就得有辆车了，但现在还买不起。"卖锅的最终订下了一部车，5 个月以后提货，而订金则是一口锅的钱。正是因为这份订单，老板留下了推销员。而推销员一边卖车，一边帮助卖锅的找买家，卖锅的生意果然越做越好，他提前两个月提走了一部送货用的车。卖锅的人给了推销员很大的启示，也使他坚定了信念，坚信自己一定会找到更多的客户。这个推销员在15年间共销售了1万多部汽车，他就是乔·吉拉德，被誉为世界上最伟大的推销员。

努力未必会成功，但放弃则一定会失败，在最后一刻到来之前，一切都是未知的。人生的旅途没有返程票，半路跳车只会死得更惨，所以，咬紧牙关，永远不要说放弃。

失败能够积累最大的财富

阿里巴巴最大的财富不是我们取得了什么成绩，而是我们经历了这么多失败，犯了这么多错误。我说阿里巴巴一定要写一本书，里面全是阿里巴巴曾经的错误。这些错误，你听了会笑着说，那时候（我）也犯过。所以有一天如果有重要项目，就不要派常胜将军上去，要派失败过的人上去。失败过的人，会把握每一次机会。

——马云

说起挫折和失败，有些人常会摇头叹气，挫折感、失败感油然而生，甚至从此一蹶不振。聪明的人、意志坚定的人，却会将挫折和失败当作一种财富。正所谓“失败是成功之母”，从失败中汲取教训，寻找走出困境的方法，这才是正确的选择。

中国黄页诞生于1995年4月，它是马云的杰作。当时年方31岁的马云自掏腰包7000元，又向亲戚借了2万元，就用这笔资金创建了中国最早的互联网公司之一的海博网络，公司的产品就是中国黄页网站。

接着，马云开始了对中国黄页网站的推广，当然，这个过程是十分艰难的。当时，互联网还没有普及，在有些城市还没有互联网，在一些城市，他甚至被人们当作“骗子”。面对这样的挫折，马云没有气馁，没有退缩，因为他知道“互联网是影响人类未来生活30年的3000米长跑，你必须跑得像兔子一样快，又要像乌龟一样耐跑”。带着这样的信念，马云耐心地做推广工作，就在1996年，公司的营业额竟达到了700万元，互联网的普及趋势也已形成。

事业的发展虽然初露端倪，但新的困难又接踵而至。因为在竞争中与对手实力悬殊，1996年3月，马云选择了与杭州电信合作，中国黄页网站的资产折成60万元，占30%股份，而杭州电信投入140万元人民币，占70%股份。裂痕就在这种合作形成不久后出现了。

裂痕就出在合作双方选择的战略目标上，马云的目标是中国的雅虎，而电信则是赚钱。前者有一套策略，目标是培育一系列品牌，而后者则有一套急功近利的经营之策。面对这种局面，马云认为：“做‘.com’公司如同养孩子，你不可能让三岁小孩去挣钱吧！”接下来，双方的分歧日益加深，电信方否定了马云的经营策略，作为总经理的马云真是一筹莫展。

后面还有更艰难的时候。就在几个月后，当马云率队到外地拓展业务回到杭州时，形势却已经大变，又一家“中国黄页”出现了，而这个“中国黄页”就是电信自己全资做的。东方公司建立了一个“chinesepage.com”网站，和中国黄页的“chinapage.com”相近，而且都叫中国黄页，这明显就是利用了中国黄页已有的声誉，这样一来，在杭州一个城市就出现了两个中国黄页。电信的新黄页对老黄页的市场无疑是一种分割，是同室操戈。起步不久的商用互联网顿时一片混乱。更大的裂痕就这样不可避免地出现了。

这时的马云终于明白了电信的用意，它其实并无合作的诚意。“因为竞争不过你，才与你合资，合资的目的是先把你买过来灭掉，然后去培育它自己的100%的全资黄页。”在马云看来，“黄页”就是他的儿子。他对自己的儿子倍加珍爱，如今却发现他突然被人改姓，被他人领走了。要知道，“黄页”可是马云历经艰辛创办的，来之有多么不易。

激愤中马云提出辞职，“中国黄页”的全体员工也提出辞职。这是马云创业生涯遭遇的第一次挫折，这一年是1997年，马云33岁。

面对挫折，马云没有退缩，他振作起精神，率领他的团队开始了新的创业。为了创业，他不惜掏光自己所有的积蓄。伴随着创业，失败常常不期而至，失败后团队解散，接着又聚拢起来，爬起来继续前行。每一次的挫折都是一堂生动的成长课，它教会马云继续前行的经验，教会他解决各种问题、克服各种困难的方法。正是在挫折中，马云学会了生存，学会了解决问题的手段。失败和挫折已经成了他宝贵的财富。

当人们遭遇困境时该如何应对？有人常会抱怨“老天不待见我，不给我机会”，而且能找出一大堆客观原因。而意志坚定的人从不怨天尤人，不在怨气上花费自己宝贵的时间，而是会从哪儿摔倒再从哪儿爬起来。摔倒算什么，起来继续前行。前行还会摔倒，再爬起来，挺直腰杆。就是摔得鼻青脸肿，也要勇敢地站立起来。只要不怕挫折，不怕摔倒，你就有了战胜困难的勇气和力量。古今中外无数发明创造就是在不断的失败和挫折中成功的，如果那些发明家半路被困难和挫折吓倒，我们今天享受的许多人类文明的硕果也许早已半路夭折了。这些发明家都把挫折当成了一笔宝贵的财富，爱迪生发明电灯丝的过程就是生动的一例。他曾试验了几千种材料，有人认为他失败了几千次，可爱迪生却说：不，起码我知道几千种材料不能用作灯丝。你看，在他人看来的失败，却成了爱迪生的试验成果，这就是看问题的角度不同所致。

从这个角度讲，也许我们应该感谢失败，甚至有些发明创造就直接源于失败，比如可口可乐的发明就是源于一次配方失败，X 光的发现也是源于一次试验失败。失败并非我们的目的，问题是当失败来临时我们该如何应对。找出失败的原因，从失败中吸取教训，从失败中发现成功的线索，这才是正确的态度和途径。

如何正确对待失败，首先涉及一个勇气问题。有勇气承认失败，有勇气面对失败，有勇气承认是自己错了，所有这些都需要勇气。有些人爱面子，就是难以直面失败，将问题都推给别人，推给客观因素，从不从主观上找原因，他们总认为失败是可耻的、是丢人的。虽然我们都知道“失败是成功之母”这个道理，但真正兑现就不容易了。其实，对失败加以尊重不失为一个正确的选择。2004 年，美国科学院前院长布鲁斯·艾尔伯兹来华访问，其间他应邀为《科技日报》的读者撰文。在文中他这样写道：“在我来华访问期间，多次有人让我解释，美国的科学为什么能取得如此辉煌的成就。答案可能多种多样，但中国人容易忽视这样一个影响因素，那就是美国社会尊重失败。美国人尊重那些渴望成功、努力挑战困难的人，即使他们输得蓬头垢面。对于那些优秀而雄心勃勃的计划，即使偶尔失败了，也不以为耻。科学要探索，就会有失败。”

马云认为创业总是与失败相伴，总是与困难为伍，因此必须正视失败，要有耐心去接受失败，同时要分析失败的原因，找出摆脱失败的途径，这样才能反败为胜。敢于直面失败，失败了回到原点，从头再来，这就是积极进取的精神，这样才能接近成功。前巨人集团总裁史玉柱是一个成功者，他的成功道路同样坎坷不平，他也曾犯下战略性的错误，甚至造成无可挽回的败局。开始他也不能正视自己的失误，希望通过融资、贷款来挽救巨人集团，救活电脑、医药和房地产这三大产业，但结果却与美好的愿望背道而驰，努力越多，失败越大，最终落得全军覆没，还倒欠 3 亿元的债务。总结失败教训，正视失败现实，一切从头做起，3 年后巨人集团又重新站立起来。

现代社会竞争激烈，这是严酷的现实，谁都回避不了，要想创业成功，首先就要敢于面对失败。在竞争中失败是家常便饭，你随时都会摔倒，甚至被绊倒，怨天尤人是无力回天的，要有勇气直面失败，敢于笑对失败，这样你才能一步步接近成功。失败其实是件大好事，它让你开阔了眼界，拓展了视野，积累了财富，使你在未来的路上少走弯路，直至成功。

第二章

克己：

脑子里不能有功利心

沉下心来踏踏实实做事

先把自己沉下来，踏踏实实做一个小公司。

——马云

很多人一心想要干大事，时时刻刻把伟大理想挂在嘴边，然而在实践这些理想时，却沉不下心来，毛毛躁躁，总是幻想一步登天，结果却往往一事无成。事实上，人无论做什么事情，最忌讳的就是心浮气躁。当问题摆在眼前时，心浮气躁的人总是无法冷静地进行思考和判断，有可能从一开始就走上了弯路；即使选择了正确的道路，也会因为缺乏耐心和毅力，一时看不到结果就放弃了，当遇到困难和挫折时，很容易被吓倒，从此一蹶不振。

人的确应该有干大事的胆识，也应该心怀伟大理想，但这些不应该是纸上谈兵。当目标已经确立下来，就要沉下心来，理性地思考如何实现这个目标，进行详细的规划，然后踏踏实实地从头做起。无论遇到什么问题，都要坚定信念。不能贪图一时的小利，诱惑越大，越要保持理智。毕竟每一步的努力，都是为了实现最终的目标，那些违背目标的事，即使会让你一时获利的，也应该舍弃。而且，通往理想的路上必然会有困难、挫折和失败，要提前做好心理准备，不要轻易放弃。

因此，对于一个想要实现理想的人来说，心态是极其重要的，它决定了理想能否实现。每一个成功人士都是从小事开始做起，一点一滴地积累，最后实现伟大的目标；每一家大企业也是从小公司开始做起，按照步骤慢慢壮大，不可能一上来就飞黄腾达。从起点到终点是一个漫长的过程，不存在捷径和坦途，急功近利、心浮气躁是成不了大事的，只有心态平和的人才能有足够的韧劲坚持到终点。

马云在刚刚创建阿里巴巴网站的时候，受到了来自各方面的嘲笑和质疑，人们认为马云的理想和目标都是空谈，是根本实现不了的。

马云为什么会有如此的自信？事实上，那个时候的马云在实力、技术和资金上并没有足够的保障，然而，他的心态给了他最大的保障，他十分清楚自己的理想并不是空谈，他能够沉下心来，做好每一个细节，一点一点地实现理想，不冲动，不急躁。

马云对自己心态的自信恰恰来源于此前他在学校当教师的五年经历。大学毕业后，马云被分配到杭州电子工业学院当英语教师，并且答应校长五年内不会辞职。很多人都觉得马云得到了一份稳定的好工作，然而学校生活出人意料地清贫，马云每个月只有 89 元工资，但他依然遵守承诺，没有离开教师岗位。那段时间，先后有两家公司想要聘用马云，先是深圳的一家公司，开出了1200元的月薪，然后是海南的一家公司，开出了3600元的月薪，在当时，这样的条件已经算是“高薪挖人”了。面对诱惑，马云坚守承诺，一律拒绝，坚持留在学校教书。

就这样，马云在学校里一待就是五年。这五年的清贫生活磨炼了马云的耐心和毅力，培养了他“耐得住寂寞，抗得住诱惑”的心态，他学会了把心沉下来，踏踏实实地做事，这为他后来创业成功打下了坚实的基础。

马云认为，很多人都想要干一番大事业，都想要成为将军，然而，只有那些踏踏实实从小事做起、从士兵做起的人，才有进步和发展的机会。只有先做好小事，才能干大事业；只有先成为一名合格的士兵，才能成为一名将军；只有从一开始就摆正心态，才能去面对今后越来越多的困难。这个过程充满了艰辛，谁走得稳、走得远，谁就最有可能获得成功。

20世纪70年代，麦当劳进入我国台湾市场，在当地聘请高级管理人才。一位年轻企业家最先被选中，他各方面条件都很优秀，是麦当劳非常看好的人选。在最后一轮面试中，总裁向他提出这样一个问题：“如果让你从清洁工做起，你会怎么想？”这位企业家立刻沉默了，表情又尴尬又不满。总裁从他的表情看出了他心里的想法：“让我这么出色的企业家去做清洁工，这也太大材小用了吧。”最终，总裁没有聘用他。

希望事业有个高起点并没有错，但是每一项工作都是从始至终的过程，首先必须脚踏实地地做好基础工作。

小洛克菲勒毕业后在父亲的公司里任职，有一天，他请父亲给他一个项目，并且自信满满地说："只要给我三年时间，我就能够像您一样优秀了。"父亲笑着摇了摇头，让他先沉下心来从普通员工做起。一个月过去了，父亲把小洛克菲勒叫来，问他："上次你说只要给你三年时间，你就能做得很优秀，那么现在你还有这个自信吗？"小洛克菲勒不好意思地笑着说道："我想，也许我需要五年，只要给我五年时间，我就一定能够像您一样优秀了。"父亲点了点头，但依然让他继续做普通员工。几个月过去了，父亲再一次把儿子叫来，问了相同的问题。这一次，小洛克菲勒表情严肃，沉默许久才回答道："我也不知道自己需要多长时间了，或许我要一辈子都向您学习，用毕生的精力来努力，才能像您一样优秀。"这一次，父亲对儿子的回答非常满意，立即把重要项目交到了他的手上，而小洛克菲勒也没有辜负父亲的期望，出色地完成了任务。

一开始，小洛克菲勒虽然满腔抱负，但是刚刚走出校门的他并不了解实际工作是怎样的。父亲让他从基层做起，就是为了让他先沉下心来，学会踏踏实实地工作，磨炼他的耐心和毅力，培养他良好的心态。这样一来，在正式接手重要工作时，小洛克菲勒才能保持理性，不会因一时的冲动而乱了手脚。

干事业一定要有良好的心态，克服心浮气躁的毛病，静下心来，踏踏实实地做事，淡定冷静地面对问题，把目标放在心里，眼睛看着脚下，移除障碍，填平沟壑，摔倒了就站起来，哪怕花费很长时间才只前进一小步，那也是离目标更近了一步。

真正想赚钱的人必须把钱看轻

出来创业的时候我就觉得一个人消耗的钱其实并不会很多，但是选择不一样，有的人是为了生活压力，为了更多的钱，我出来就是为了更多的经验和经历，后来开始慢慢上升到我想影响别人，帮助更多的人，然后再回过头看，还挣了不少钱，那是一种结果，所以我认为赚钱不是目的，赚钱不是任何企业的目的，赚钱是任何企业的结果，赚钱也是每个人想成功。你第一天创业的时候是为了改善自己的生活，为了赚钱，你脑子里想的是钱，这个眼睛是人民币，这个眼睛是港币，讲话全是美元，这样的人是不会成功的，别人不愿意跟你做生意。而我是希望帮助别人，希望能够完善这个组织机构，这样别人才会跟你合作。

——马云

人们创业打拼的出发点有很多，说起来似乎都很宏大，很有气势，其实，也不免带有功利意识，比如多挣钱，改善物质生活。这种功利心人人都会有，属于正常的范畴，因为功利心也是创业的一个动力和目标，但追根寻源，创业的原动力却不是功利心，因为如果处理不好，功利心一旦膨胀，很容易将人带进钱眼，只顾眼前利益，忽视了长远利益和目标，这对创业是大为不利的。正所谓“有心栽花花不开，无心插柳柳成荫”，我们的许多财富，都是在帮助他人，为社会创造财富中得来的。

马云对钱看得就很淡，他曾说：“出来社会第一天，我就告诉自己我不要为钱工作，所以钱一直没有影响我，我也没有被钱影响过。别问我身家多少，我连自己工资多少也不晓得。”当然，也有许多人当初就是奔着股份、奔着上市而加盟阿里巴巴的，但当阿里巴巴的冬天来临时，他们却感觉无望，离开了，他们没有看到长远，所有没有等到成功的那一天。而马云和“十八罗汉”以及阿里巴巴团队中的骨干们，却是抱定“做一家中国人创办的世界上最伟大的公司”的理想而聚在一起的。这些人如果也有功利意识，一心琢磨的是股权和上市，也许阿里巴巴就没有今天的辉煌。

谁都有金钱观，马云的金钱观是这样的：“真正想赚钱的人必须把钱看轻。”他认为“就像是养一个孩子，不能指望他一生下来就去挣钱养家糊口。你只要不断地给予他营养和知识，只要这孩子能够茁壮地成长，赚钱是早晚的事情。如果做家长的把赚钱看得太重，让孩子过早地出来做童工，那不仅赚不到钱，就连孩子本身也有夭折的可能”。这就是马云著名的“养孩子”理论。

在阿里巴巴和淘宝网的收费问题上，马云认为："我不反对钱，一家公司不挣钱是不道德、不负责任的，我希望十年以后阿里巴巴公司是全中国甚至全世界最赚钱的公司，但它不是我的目的，它只是我的结果。"他还说："淘宝要真正赚钱，我还是这句话：要开始考虑赚钱的时候，是你帮别人真正赚了钱的时候。但现在，还不是淘宝收费的时机，因为市场还需要培育。就像几年前我经常讲的，如果阿里巴巴在路上发现小金子，不断捡起来，当他身上装满金子的时候就会走不动，就永远到不了金矿的山顶。"

在2007年公司的年会上，马云进一步强调淘宝、支付宝、阿里软件以及雅虎都不要急着赚钱，尤其对于淘宝和支付宝而言，目前最急切的任务就是"做规模"。忘掉money，忘掉赚钱。

2008年阿里巴巴上市路演到达了纽约，这时阿里巴巴面临着股票价格的选择，按照当时的行情，阿里巴巴的发行价定到20元是完全可行的，因为很多人都期待着它，每增加1元钱，就能取得10亿港币的融资。银行的建议价也是22～25元，20元是不会丢脸的。马云和他的团队却做出了一个非常艰难的决定：只卖13元。

这是一种淡定，在市场疯狂面前的一种淡定，马云是这样考虑的："忘掉股价，坚守对客户的承诺、对员工的承诺。别人疯狂了我们不能疯狂，别人认为我们能卖20块钱，我们千万不要以为能卖20块钱，我们要对股东负责。香港很多公司上市把价格拉得非常之高，最后让股东受到损失。如果我们真的卖20块、30块，我相信股东、香港股民有一天会骂我们。”

钱这个东西不是那么好赚的，弄不好你会被它赚了。急功近利，不择手段，这样当然会赚到钱，甚至会赚到大钱，但结局却会很惨，有的成了赚钱的机器，有的反被钱所赚，平安、健康甚至生命，都成了钱的代价。而另一种人则不做钱的奴隶，尽管暂时吃亏，让利于人，钱还是会自己找上门来的。网络的畅通，管理到位，服务意识增强，一切有序进行，一旦时机成熟，还愁没有钱挣？

在一次演讲中，俞敏洪说过这样一段话：“赚钱就好比狗尾巴理论——小狗问妈妈，幸福在哪里？狗妈妈说，幸福在尾巴上。小狗就去咬尾巴，总也咬不到。狗妈妈说，你就一直往前走，幸福就在尾巴上跟着你。挣钱也是同理。你不去追求赚钱，钱反而会跟着你。”

还有这样一个案例：有一个家庭，丈夫很能干，是个成功人士，妻子因而不必辛苦工作了，于是辞去工作，在家做起全职太太。但家庭主妇的生活是寂寞的，为了让生活充实些，妻子也想找些事做。她开了一家美容院，由于不是以赚钱为目的，一开始她做得很随意，没有任何的压力，这样一来，她就从来不对她的客户推销美容产品。而当下的美容院几乎都是在变相地推销美容产品，甚至以推销为主要任务。他们不断地怂恿和诱惑顾客买美容院的产品，这么做，刚开始时还不会给人不好的印象，可随着时间的推移，就会让自己的客户厌烦了，因为客户会在不知不觉中买下他们的很多产品，到后来，客户会有所警觉，觉得自己上了他们的当，对这些美容院没有好感了。

因为不是以赚钱为目的，这个女人开的美容院又不向她的客户推销美容产品和美容服务，刚开始时，她的美容院并不挣钱，有时还要赔点钱进去。可随着日累月积，再加上她非常周到的服务，她的客户们最终因为她的实在而认可了她的美容院，开始越来越喜欢在她的美容院做美容，并不断地给她介绍新的客户，因此，她很快就扩大了人际圈。来她美容院的都是有钱的富商太太和上流社会人物，这样她就慢慢地挣到了越来越多的钱，更让她感到欣慰和快乐的是，她因此交到了很多实实在在的朋友，那些常来她美容院的客户也在做美容时结交到了很多朋友，客户也因此得到了真正的快乐。

人生在世，总要出工出力挣钱，这是生活的需要，是生存的需要。人们对一个人的评价，也常用金钱作为标准之一。有的人赚到钱，就把钱看作目标，也有人只把它看作副产品。以金钱为目标，那就会希望多挣快挣，赚大钱的事情愿意做、多做，赚钱少的事情则少做，甚至不愿做。如果相反的话，就会将赚钱放在第二位，这样就会舍得花精力和时间去做事，意义越大越愿意做，而不问是否能赚大钱。有的事情虽然能赚大钱，但意义不大，也不愿意去干。这样，赚多赚少并不在意，重要的是对人对社会有意义。其实，只要你认真做事，对人对社会负责，赚钱那是迟早的事情。功夫不负有心人，说的就是这样的道理。

学历不重要，但要懂得在社会上读书

创业者最大的快乐就在于在创业过程中去学习、去提升。很多时候是创业者因为自己搞不清楚而去创业，搞清楚以后就不去创业了，所以创业者书读得不多没关系，就怕不在社会上读书。

——马云

有些人没有读过多少书，没有高学历，觉得自己比不上别人，因此不敢有梦想，即使有，也不敢去实现梦想，害怕自己无法在竞争中取胜，于是白白浪费了一生的时光。其实，很多成功人士都没有多高的学历，甚至没有接受过多少教育，举例来说，比尔·盖茨大学辍学开始自己创业，李嘉诚 14 岁就辍学外出打工，宗庆后初中毕业后就到农场工作，浙商中的富豪有 65% 以上都是中小学学历……他们都没有高学历，但都早早进入社会，比别人更早地打开眼界，经历磨炼，因此，当别人的知识还只停留在书本上时，他们已经在实践中积累了丰富的经验。

文化知识的确很重要，很多成功人士在取得成就之后，重新回到学校去进修，提高自己的文化水平和专业知识水平，弥补自己学业上的不足，但这并不能说明，没有学历就没有机会获得成功。学历仅仅代表一个人的起点，起点高当然是好事，但再高的起点也无法决定终点。高尔基曾经写过《我的大学》，他所说的大学指的就是社会。对于每个人来说，社会就是终生要读的大学，社会能够教给人的知识和经验，是任何名牌高校都比不上的。那些没有机会进入高等学府深造的人，只要愿意努力学习，同样能够在社会中充实自己，走向成功。

马云在招聘人才时，对于是不是高学历、是不是名校毕业、是不是“海归”并不看重，这是因为，他曾经在用人方面犯过一次错误。那个时候，阿里巴巴刚刚开始有些起色，马云为了提高公司的专业度，于是高薪聘请了一位 MBA（工商管理硕士）担任营销副总裁。有一次，这位副总裁向马云提交了下一年度的营销预算，马云看完之后，吓出了一身冷汗，这份预算竟然高达 1000 万美元，而当时，阿里巴巴最多只能拿出 500 万美元。副总裁不屑一顾地对马云说：“我做的预算从来不会低于 1000 万美元。”马云这才意识到自己用错了人。

这位副总裁能够成为MBA，的确证明了他的实力，然而，他对现实生活缺少认识，没有足够的社会经验。他的策略看似华丽宏大，但却脱离现实，只是一纸空谈，不仅无法帮助企业发展，甚至还会给企业带来阻碍。

有的时候，学历甚至无法证明一个人的实力。俞敏洪说过这样一段话：“很多人都认为我的记忆水平很好，能记住三四万个英文单词，能把《英汉双解词典》背下来，目前为止应该还有两万个左右的英语单词在我头脑中，但那是我跟时间搏斗的结果。我花了整整四年的时间坚韧不拔地背，墙上到处贴的都是单词。当你不够聪明时，你要做的就是如何用时间换取你的智慧和才能。有的时候，人与人之间是有差别的，别人在一个星期内能把一本书背完，你可能需要两到三个星期。这里有记忆能力上的差别，也有智商的差别。但是我所看到的成功人士，往往不是聪明到极点的人，他们其实是付出了比常人更多的努力才取得了成功。绝顶聪明的人我们周围也有，他们不需要付出太多努力就能取得不错的成绩，比如他们在期末考试前几天临时抱佛脚看看书就能考第一名。但是毕业后步入社会，成功靠的绝不仅仅是你的智商，而是你对社会的理解、对人生的感悟和面对困难时坚韧不拔的态度。而这一切对那些绝顶聪明的、习惯了凡事都轻而易举完成的人来说，反而很难。”可见，社会生活对一个人的考察和要求，比取得学历所需的标准要严酷得多。

马云曾经说过，阿里巴巴成就了几千个百万富翁，这些人能够取得成功，并非由于拥有多高的学历，而是由于在社会上经历了更多的磨炼，在思考问题时更能从现实意义出发，更有效地完成工作。

马云在一次演讲中说过：“初中生也很好，初中生关键是在社会创业大学学的东西比别人多，但是学习一定要总结。”在马云看来，社会阅历比学历重要得多，一个人在社会中经历的事情越多，眼界就越开阔，经验就越丰富，想法就越成熟。因此，马云提倡要主动走上社会，主动学习那些更具现实意义的东西。而且，马云认为自己的成功也源于长期的社会实践，与他的学历并没有多少关系。

如今，高学历的人数不胜数，但真正取得成功的人却屈指可数，甚至很多人以为只有不断深造才能取得成功，于是把所有时间都花费在书本上，忽略了社会实践的价值，最终一事无成。

也许有人会说，很多高学历的人也是从一毕业就开始创业，并且最终成功了。但是，要知道，这些人的成功并非仅仅源于书本上的知识，他们通常在求学期间就利用课余时间参加各种社会实践活动，提前开始实习或打工，积累了宝贵的经验，才能够在毕业之后迅速适应社会生活。

一位企业家说过："学校教育让我成为大学生，而社会教育让我成为经济学家。"我们能够在社会上学会所有东西，包括知识和技能、为人处世的方法、处理工作的能力，以及实现理想所必需的心理素质。

每个人都必将走上社会，但走上社会并不等于融入社会，要想真正融入社会，就要懂得在社会上读书，努力从社会中学习东西，提高自己的能力，掌握生存技巧，在实践中积累经验，多经历一些事，多留意不同的事物，这样就能够获得巨大的精神财富，开辟一片属于自己的天地。

归零心态，不怕从零开始

创业路上需要激情、执着和谦虚，激情和执着是油门，谦虚是刹车，一个都不能缺少。

——马云

满招损，谦受益。自古以来，人们都褒扬一种虚怀若谷的品德。有了这样的品德，就能广泛吸收知识，多方面提升自己，在激烈的市场竞争中稳步前行，达到自己既定的目标。这种品德，也就是一种归零心态。

马云就是这样一类自我认定低调的人，他说像他这样的人就是“满大街一抓一大把的普通人”。有了这样的心态，他就不凌驾于他人之上，虚心向他人学习，取他人之长，使自己不断进取。

马云善于以一个旁观者的姿态去观察人，一旦发现可取之处，就默默地去汲取。《赢在中国》的主持人王利芬对他的评价是“假如这种状态体现的是一个温度的话，那就是零度”。这说明只有让自己“归零”，你才能将别人的温度充分吸收过来，虚怀若谷，就能充分吸收更多的经验、智慧和养分，让自己强大起来。

2007 年 9 月，马云参观了蒙牛的奶牛场，当时牛根生讲了一番有关企业竞争与生态的话：“一个企业有一个生态圈，企业和企业之间又形成了新的生态圈。未来企业的竞争，已经不是一个企业和另一个企业的竞争，而是一个生态圈和另一个生态圈以及主要生态链的竞争。”不久，牛根生再次与阿里巴巴的高管们相遇，那些高管竞相和他讨论起“生态系统”，牛根生深有感触地说：“没想到阿里巴巴团队的学习能力这么强。”

此情此景不禁让人猜想，按照常理，阿里巴巴曾有过辉煌的历史，马云在短期内还不至于想到变革和学习的重要性吧。但马云和他的团队没有居功自傲，没有吃老本，在阿里巴巴集团十周年庆典上，马云语出惊人:“我们18个人不希望背着自己的荣誉去奋斗，今天我们辞去了创始人的身份，跟任何一个普通的员工一样，我们的过去一切归零，未来十年我们从零开始。”归零的结果是，作为公司创始人的“十八罗汉”都递交了辞职信，然后再度向阿里巴巴求职，一切从头再来。

马云有些动情地说:“我们今天晚上将是睡得最香的一个晚上，我们18个人不希望背着自己的荣誉去奋斗，从今以后我们不需要说因为我是创始人，我必须更努力！”马云希望大家像普通员工一样，一切从零开始。

阿里巴巴“十八罗汉”为公司创业立下汗马功劳，他们大多是马云过去的学生和下属，从过去他们的工号就不难看出创始人的标记，因为这18个人的工号就是1到18。重新竞聘后，这样的标志没有了，他们将和所有的员工一样，不再有特殊的身份。这就是归零。

对马云这样的举动，复星集团董事长郭广昌大加赞许:“我比较欣赏马云的做法，企业从零开始，再也没有创始人的概念，每个人成为企业的员工，能够为未来十年的发展奠定一个良好的利益分配基础。”

马云曾组织高管们观看《历史的天空》这部电视剧。剧中土匪出身的姜大牙，在不断的学习和实践中，懂得了游击战、运动战和机械化作战，加上自己的创新，竟成长为一个战无不胜的将军。马云的用意正是希望自己的员工也能像姜大牙那样，不断地学习，不断地与时俱进。马云的计划是用五年的时间，让三分之二的老员工出去学习进修，为了“由中国人创办的全世界最优秀的公司”这一远景早日成为现实，将他们打造成具有宽广的胸怀、宽广的视野的管理团队。

讲个故事吧，说古时候有个人佛学造诣深厚，一天他去拜访一位德高望重的老禅师。开始接待他的是老禅师的徒弟，他的态度很傲慢。于是老禅师出面恭恭敬敬地接待他，为他献茶。杯子已经满了，老禅师依然不停地添茶，茶水于是溢出。见此情景，他疑惑地问老禅师：“大师，杯子都满了，怎么还要往里倒呢？”大师回答：“是啊，既然已满了，干吗还倒呢？”他听了顿时明白。这个故事讲的就是归零的心态，它告诉人们，要想做成事，一定要有好的心态，要想吸取更多的知识，取得更大的成就，一定要将自己的内心归零。而归零，就要清除以往的所有成绩，不沉醉在过去的成就中，不居功自傲，永远不满足已有的成绩。

中央电视台《东方之子》栏目曾采访过长安集团的总裁，总裁讲了一句耐人寻味的话：往往一个企业的失败，是因为它曾经的成功，过去成功的理由是今天失败的原因。任何事物发展的客观规律都是波浪式前进，螺旋式上升，周期性变化。

所谓风水轮流转、资产重组、生活就是不断地重新再来等等，这些不管是老话、是经济学的观点，还是电视剧的道白，都在阐明一个“归零”的哲理。不归零，就没有新的开始，就没法开拓新的市场，就不能持续发展。即便你过去取得了很大的成绩，有很高的成就，拥有了巨额资产和高深的学问，但如果没有一种归零的心态，就会坐吃山空。如果枕在从前的成就簿上，就会迷失进取的方向，总有一天，以往的一切会化为乌有。只有归零，才能放下包袱，轻装上阵，再创佳绩。过去的就让它成为历史，成为过去，它不会再度成为现实，也不可能成为现实。

球王贝利曾取得进球1000个的殊荣，但记者向他问起最满意哪一次的进球时，他的回答是下一次。这就是归零的心态，他把过去的1000次进球都抛到了脑后，这样，就永远都在积极地进取，永远都有更美好的目标在等待着他。

人生也是这个道理，胜不骄，败不馁，不管身处何种境地，都能从容应对，既不沉湎已有的成就，也不为曾经的失败而沮丧，一切从头开始，以归零的心态应对人生的挑战，这样就有希望取得辉煌的成就。

诚信是最大的财富

我觉得一个CEO、一个创业者最重要的，也是最大的财富，就是你的诚信。如果我今天问熊晓鸽或者吴鹰借1000万，他们如果有钱也会借给我，这是基于我们之间平时的了解、信任。如果他们不认识的人，即便就是借1万，他们也觉得不行。所以，一个创业者一定要有

一批朋友，这批朋友是你这么多年来依靠诚信积累起来的，越积越大，像我账号里的财富，这就是每天积累下来的诚信。

——马云

在商品经济大潮下，商业利益最集中体现在金钱上，那么还有没有比金钱更重要的呢？答案是有的，那就是诚信。讲诚信的人，他会将诚信落实在自己的行动中，在他看来，诚信绝不仅仅是一句空洞的标语口号，绝不是装门面，正所谓言必信，行必果。诚信之于金钱，如同爱情与婚姻，只有以爱情作基础，婚姻才是幸福的，相反，就是悲哀的。

诚信也是成功的品质，是成功者的秘诀。大事面前要讲诚信，小事面前也不能掉以轻心，这样才能赢得他人的信任，才能被委以大任，才能有所作为，才能事业有成。马云的创业史，就是诚信的写照。在这条艰难的成功路上，曾有许多大人物支持帮助过马云，而马云与这些大人物并没有什么特殊的关系，之所以能赢得他们的支持和帮助，完全得益于马云的诚信。

这还要从马云读书时说起，那时的马云是杭州师范学院的优秀学生，大学毕业后被分配到杭州电子工业学院任英语及国际贸易课程讲师。在当年杭州师范学院500名毕业生中，马云是唯一被分配到高校任教的。

毕业分配那天，杭州师范学院院长找马云谈话，他语重心长地提出这样的希望："马云啊，我希望你5年之内不要有什么想法，不要离开你的岗位，老老实实做你的老师！"

院长是了解马云的，知道马云是个有作为的人才，所谓浅水困不住蛟龙，但从更多学生的角度考虑，从学校长远的发展看，如果第一个分配到高校的学生就不能坚持下来，杭州师范学院还怎么吸引更多的学子。

马云也体谅院长的苦心，他答应了院长，承诺5年之内不离开讲台。

马云刚参加工作时的月收入是89元，可这时在南方做翻译的月收入已经达到1000元了。但马云没有为之动心，他要遵守自己的承诺，要守信用。

三年过去了，马云的工资涨到120元，这时的中国更加开放，经济更加发展，翻译的月收入在许多地方都不低于3600元，但为了遵守那个承诺，为了诚信，马云依然不为所动。

马云在三尺讲台上坚守6年半后，才向领导提出辞职申请。老老实实坚守自己的承诺，这就是马云的为人之道，也是他的处世之道，他要永远信守诺言，永远以诚信为本。

开始创业，马云更以诚信为本。以"中国黄页"为例，当时的运作方式是，首先将客户的资料以快件的形式寄到美国，让美国的同事做成网页挂到网上。当时在国内还无法上网，因此这样的方式做起来很难，有点像"空手套白狼"。

由于缺乏电子商业知识，国内一些人还对此持怀疑态度。有一次马云为了做成一家企业的生意，往返跑了好几趟，耐心地给老总讲解有关电子商务的知识，可是这位老总还是持怀疑态度，觉得这是个“骗鬼的东西”，没有答应。马云没有就此退缩，他要了这家企业的资料，回去做成网页。几天后他带着笔记本电脑又来登门做工作，这次他打开网页，当企业的主页呈现在老总眼前时，老总终于接受了。真是精诚所至，金石为开。

马云做中国黄页时，本来销售非常艰难，但马云凭借诚信之心，感动了客户，从这里可以看出，空口无凭，谁也不会无缘无故把钱交给你，你以诚待人，才能赢得客户的信任，客户才会把钱送到你手上。

我们生活在一个讲求人情味的国度，生意场上这种感觉很重要，它具体体现了一个人的人品、信誉，也就是诚信。以诚信为本，这是生意场上最值得珍视的资本。

马云在创业的道路上虽然也是一路艰辛，但因为他有着很好的信誉，从一开始创业，就发展了很多客户，这就是信誉所发挥的巨大作用。比如杭州第二电子机场、钱江律师事务所、杭州望湖宾馆等企业都成了他的第一批客户。

人们常说，学会做事，要先学做人。马云创业的过程，实际上就是一个做人的过程。做一个讲诚信的人，才能在生意场上赢得客户，赢得大家的信任，人们信任你，就信任你的产品，就会会聚在你的周围，你的事业就会做大做强。对于诚信，马云是这样说的：“我马云以人格担保，要是在美国看不到的话，随便你怎么骂我都没话说……”

当然，此话说起来容易，真正做到就不容易了，但只要做到，就成为无价之宝。

马云在《赢在中国》的现场曾讲过这样一番话："1995 年、1996 年，我们做中国黄页的时候，我也发不出工资了，离发工资的时间只有 3 天，我账上只剩 2000 多块钱，而工资要发 8000 多块钱，那时候很残酷。我们的员工说没关系，我们两个月不拿工资也跟你干下去。但人家说两个月不拿工资可以，你得出去借，用你的诚信。"

诚信已经成为公认的成功要素之一，2000 年，美国出版了一本书，名叫《百万富翁的智慧》。作者对 1300 个成功企业家做了一项问卷调查，问题之一就是：你怎么取得成功的？诚信成了普遍的答案。

由此可见诚信在企业经营和社会生活中的重要性，在立业和致富中，诚信的意义非同小可。所有的企业家，都会遇到诚信的拷问，接受诚信的考验。诚信使事业做强做大，伴随诚信而来的，就是成功的喜悦。

举个例子，李嘉诚的创业也不是一帆风顺的，在创业之初，他的企业资金有限。曾有外商来订货，而且数量很大。外商的条件是要有资产雄厚的厂商为李嘉诚做担保。李嘉诚为此没少奔忙，但还是没有着落。他没有隐瞒什么，对外商据实相告。正是他的诚信感动了外商，外商说："从阁下言谈之中看出，你是一位诚实君子。不必其他厂商作保了，现在我们就签约吧。"

一桩生意就这样在李嘉诚的诚信感召下谈成了，但李嘉诚还是对外商说：“先生，蒙你如此信任，我不胜荣幸。但我还是不能和你签约，因为我的资金真的有限。”外商因此对李嘉诚更加信任，不仅签约，还预付了货款。通过这笔生意，李嘉诚赚到一大笔钱，这是诚信所致。李嘉诚也因此悟出了“坦诚第一，以诚待人”的原则，并为以后获得更大成功奠定了坚实的基础。

人们做什么事情都需要本钱，本钱是什么？是金钱？是物质财富？当然，这些都需要，但这些还不是本钱的全部，物质财富之外，美德也是一笔巨大的本钱。而诚信就是美德的一个充分的表现。在现代企业的经营理念中，诚信被置于一个崇高的地位，它既是企业的形象，也代表着国家的形象。

台湾企业家王永庆最引人关注的地方，就是他的诚信，他的一诺千金。1973 年，他的台塑公司要扩建厂房，进行现金增资，向社会承诺增资股将以每股 244 元的价格出售，股东们纷纷响应，踊跃投资。但当时股市行情难以预测，就在这一年，石油危机爆发了。台湾的石油行业遭受很大冲击，因为台湾的石油大多依赖进口，股价因而大跌。面对这种不利局面，王永庆没有改变初衷，他依然表示，如果 6 月 30 日的收盘价格不超过 244 元，台塑将以这一天的收盘价为标准，将差价补足。果然，6 月 30 日的收盘价是每股 202 元，王永庆兑现自己的承诺，每股退给股东 42 元。就是这个举动让台塑损失了 4000 万元。王永庆的举动也招致人们的议论，有人认为他太傻，为什么白白搭上 4000 万元？但就是这一诺千金之举为台塑赢得了好声誉，赢得了股东们的信任和信赖，以致在后来台塑由石化工业向电子工业转型时，虽然风险性增大，但股东们仍一如既往地支持王永庆。王永庆对股东们承诺，他们会得到更多的红利收益，大家都相信他的承诺。难怪一位外国银行的高级主管这样赞誉王永庆："王永庆的英文签名，就是信誉的保证，可以提供无限制的长期贷款。"

说到这里，我们不难发现诚信与成功之间的密切关系。诚信作为一种美德，一种好品质，是需要一定的稳定性的，需要长期投资的，要让它成为一种长期稳定的经营态度，这样，无论商场上出现怎样的风云变幻，我们都能淡定应对。不违背我们的承诺，我们就能在风云变幻的商场上立于不败之地，就能创造出丰厚的物质财富和精神财富，就能赢得人心，就能赢得市场，就能赢得商机。无数成功者的经营之道，都充分证明了这一点。

用感恩之心指导行动

没有客户的信任，没有大批客户的信任，就不可能有今天的阿里巴巴，也不可能有淘宝，所以我心里觉得我们特别感恩。即使阿里巴巴、淘宝今天没有了，我都已经满足了，因为真的是有那么多人关心你，那么多人支持你，那么多人感谢你。当有人莫名其妙地感谢我时，我觉得受之有愧，感谢我干什么，这又不是我的功劳。这些想清楚以后，我就越来越积极，我知道我应该感谢这个社会，感谢所有客户，感谢所有员工，感谢所有人的支持，只有这样做，我们才会越做越踏实，越做越好。

——马云

人生在世是需要感恩的，有了这样一颗心，就迈开了成功的第一步。不仅对自己的现状要心存感激，对他人为我们所做的一切更要心存敬意，内心要感念他们。2010 年 7 月 8 日，马云在重庆民营经济发展论坛上讲过这样一番话："做企业和做人一样，一定要有信仰……只有信心、信仰和感恩，才是企业生存的关键推动力，企业必须学会感恩昨天、敬仰明天。"

马云对阿里巴巴十年来走过的路是充满感恩之情的，经历了 SARS，与 eBay 进行了三年艰苦的游击战，并购雅虎中国后的艰难整合，将阿里巴巴旗下的 B2B 公司 alibaba.com 带到了香港交易所。这一路走来，艰辛的历程却让马云心存感恩，他是这样阐明他的感恩之心的："我觉得阿里巴巴人很有运气，所以阿里巴巴人一定要有感恩之心。我觉得我们这代人缺乏了信仰，信仰的'信'，在我的理解中就是感恩，'仰'就是敬畏。我们要感恩昨天，敬畏明天。我们感恩所有对我们做出贡献的人。阿里人的核心要有感恩之心，哪有这么好运气的公司，好事都让我们碰上了。我们怎么样感恩这个时代，回报这个时代，回报我们所获得的感恩？"

阿里巴巴所取得的成就，马云都归于感恩的结果。这种感恩之情在阿里巴巴已经成为企业文化的一部分，成为企业发展的行动指南。2009 年 6 月 4 日，阿里巴巴主动与 8 家基础投资者提前 6 个月解禁了为期两年的禁售期安排。这其中就蕴含着一种感恩之情，就像阿里巴巴公司 CEO 卫哲所表达的那样，这代表公司对长久发展的信心，表达了对长期持有阿里巴巴股票的股东的感恩之情。他还说："我们感谢基础投资者当初对阿里巴巴所做出的史无前例的两年禁售期的承诺，这表现出他们对阿里巴巴业务的坚定信心。我们希望他们会继续发现阿里巴巴的长期投资价值。"

阿里巴巴有个翔实的感恩计划，而"提前解禁"作为回馈股东的做法，还只是计划的第三步，与此同时，阿里巴巴"回馈客户"的一系列举措已经全面开始实施。作为对客户在危机下的高端需求的回应，阿里巴巴针对中国诚信通会员推出了一系列增值服务，并在经济寒冬期让会员享受一年的免费试用服务。"移动版诚信通"就是其中一项重要的增值服务。

这一系列行动，早在 2008 年下半年就已经开始实施了。首先，是在当年 9 月份投入 3000 万美元开始进行全球的市场推广活动，接着在 10 月 1 日推出阿里巴巴针对中国供应商的"中国供应商出口通"，升级原有"中国供应商"。当时大量出口型中小企业正处于危机中，阿里巴巴无疑为它们提供了有力的支持，帮助它们找到解决问题的出路。

在国际市场上阿里巴巴第一季度增加了 70 万名注册用户，总数达到860万人，而在中国交易市场上第一季度达到3160万人，增加了150万名注册用户。随着用户数量的持续增加，阿里巴巴成为国际电子商务B2B市场的领先者。

在对客户予以感恩和回报的同时，马云没有忘记公司的员工。2008年，那是个金融界的寒冬之年，马云给阿里巴巴集团的万名员工发了一封内部邮件，邮件的内容充满了春天的生机，里面这样写道："2008年是不平凡的一年。经过全体阿里人的不懈努力，我们克服了重重困难和挑战，取得了我认为阿里巴巴九年来最为难得的进步和业绩！尽管经济大环境面临空前困难，公司仍然做了2009年加薪和2008年丰厚的年终奖计划，根据2-7-1原则，绝大部分员工将会获得加薪和不错的年终奖金。这不仅是因为我们现金充足，更因为勤奋工作并取得出色成绩的阿里人值得褒奖。"他还在末尾热情地呼吁，"辛苦一年了，请带上你的家人去花钱，去消费！去享受我们一年的辛苦成果！2009年还在等着我们去面对，成千上万的用户在期待着我们的努力……好好过年吧！千万记得替我向你们的父母、孩子和家人朋友们问好！没有他们的付出，就不会有今天的阿里巴巴！感谢你们，阿里人！"

信中提到的加薪，事实上只涉及七成普通员工，而包括副总裁在内的所有高管却不在加薪范围内。马云是这样解释的，在困难时期公司资源应该向普通员工倾斜，紧迫感和危机感首先要来自公司高层管理者。

由此不难看出，马云的感恩理念不是停留在口号上，也不是仅仅留在纸面上的文字摆设，而是真真切切地落在实处，落在最广大员工的利益之上。

成功学家安东尼说过：成功的开始就是先存有一颗感激之心，时时对现状心存感激，同时也要对别人为你所做的一切满怀敬意和感激之情。假如你接受了别人的恩惠，不管是礼物、忠告还是任何形式的帮忙，你又够聪明的话，就应该抽出时间，向对方表达谢意。

讲个故事，有一次，日本歌舞伎大师勘弥准备一出戏的演出，在这部戏里他要扮演古代一位徒步旅行的百姓。正准备上场时，他的一个门生提醒道："师傅，你的草鞋带松了。""谢谢你。"他赶忙答谢，然后便蹲下身系紧鞋带。但当他走到戏台入口处时，门生已经看不到他的身影了，他又蹲下身，把刚系紧的鞋带重新松开。大师的用意是想通过松垮的鞋带表现经过长途旅行之后的疲惫。有个到后台采访的记者目睹了这一幕，不解地问道："您为什么不当场教那位门生呢？他还不懂演戏的真谛。"勘弥是这样回答的："要教导门生演戏的技能，机会多的是。在今天的场合，最要紧的是教导他学会感激别人对自己的关心。"

我们说做人要学会感恩，许多人也在身体力行，但也有人对感恩反应淡漠，在他们的生活中充满了怨言，仿佛天下人都欠他钱，谁都是他的仇人。这些人总是自以为是，主观片面，在他们眼里，人生总是灰暗的，他们看不到光明，看不到前途，有问题就抱怨他人，从不做自我反省。他们只想从别人那里得到好处，却一点也不愿付出。尽管开始也会有人好心帮助他们，但天长日久，他们就会伤了众人的心，最终成了孤家寡人。

再举个例子，有个人路过加油站，他向加油站的人问路，并打听前面镇子上的人怎样。加油站的师傅没有直接回答，而是反问这个问路人他路过的那些镇子的人怎样，这个路人回答“糟透了”。加油站的师傅听了，说道：“那么，我们这个镇的人对你来说也一样。”不久，又来了一个人问路，也像前面那个路人一样提了同样的问题，而这个人认为他经过的那些镇上的人非常友好。加油站的师傅听了说道：“你会发现我们这个镇上的人也是完全一样的。”

当我们身处逆境甚至绝境时，有人伸出手来帮了我们一把，我们一定要表示感谢，我们要心存感激，这是我们做人的基本准则。我们常听到“谢谢你”这三个字，话虽然很短，但这就是感恩的象征。这三个字引导着我们笑对他人，笑对人生，笑对我们生活的这个世界，我们的生活就会充满光明和希望，我们也会感到自己周身被温暖着。

当你行走在荆棘丛中，艰难的旅程令你充满苦痛，这时，有人援手相帮，助你脱离荆棘的刺痛，对这样的贵人你要心存感激，你要真诚地向他说：“如果不是你及时挽救我一把的话，我就不会那么快脱离生活中的荆棘伤痛，所以你就是我的救命恩人啊！真诚希望我们能够交个朋友，并且能够保持礼尚往来。在你需要我帮助的时候，只要你向我发出求援信息，我都一定会为你尽心尽力的，哪怕是需要我赴汤蹈火，我也会义无反顾地勇往直前！”

我们每天都在面对一面镜子，你对它露出笑脸，它也对你笑脸相迎，你对它一副苦相，它也回报你愁眉苦脸。这面镜子就是感恩。懂得感恩，我们就会心胸宽广，我们就会踏上成功之路。

第三章

胆识：

敢想敢干就没有难做的事

敢想敢做，光脚的不怕穿鞋的

做自己想做的事，做自己认为对的事，做别人不敢做的事，做别人做不好的事。李嘉诚可以，我马云也可以，中国 80% 的年轻人都可以！

——马云

在马云看来，互联网世界永远是光脚的不怕穿鞋的世界，因为一无所有，所以人们才敢想敢做，做事情没有后顾之忧，也正是如此，人才会最大限度发挥自己的能量。但总有些人在做事时畏首畏尾，只会思前想后，这样一来他就处处受到束缚，自己的才能也发挥不出来，自始至终都在原地踏步。这也是为什么有些白手起家的人常常能更容易创造财富奇迹，而那些单靠家底的人却往往落得败家的下场。

马云在创业之初也是个“光脚的”，一没资金，二没技术，只不过他的胆子比谁都大，因为大胆，所以他敢于尝试新事物，这样一来，他的潜能就渐渐被激发出来了。生活逼迫他变得强大，逼迫他迅速成长，以至于后来，连他自己都不敢相信他已经成为成功人士，取得了如此多的成就，戴上了如此耀眼的光环。把现在的马云和十几年前的马云做一下对比，我们就会发现他成长了很多，能力也有了很大的提高，这不仅来源于经验上的积累，更来源于他的勇气激发了他的潜能。

那些敢作敢为、敢于冒险、敢于竞争的人在事业上更具有其他人没有的优势，这样的人很容易充满激情，做事情的时候比其他人更为专注，并且还能在压力面前把自身的潜能全部激发出来。这就像武侠小说中的高手，他不一定武功最好、功力更高，但他却是最能拼命的人，因为不畏惧，因此他的那种豪迈的气概就足够震慑强大的对手，并且最终战胜他们。

一般而言，那种敢作敢为的人经常会激发自己身上不为人知的能力。起初，舒马赫不过是个普通的车手，有一次他鼓起勇气和别人打赌开车比赛，结果输了，可正是这次比赛激发了他身体的潜能，让他充满了激情，这种激情伴随着他的整个赛车手生涯，使他后来成为车王。还有第一次跟随潘兴将军攻打墨西哥的巴顿，当时也不过是个傻大兵而已，可他作战比其他人勇敢，他的军事才能也随之被激发出来。在第一次世界大战与第二次世界大战中，巴顿与敌人疯狂地较量，这也让他的军事才能达到了顶峰。

只有勇敢直面困难的人才能超越自我，不断在压力下激发身体的潜能，这是因为他有积极的工作态度，工作时富有激情，人的创造力一旦被激发，他的工作能力就提高了。敢作敢为的人一般不怕失败，心理承受力强，他们在面对困难和阻碍的时候能保持冷静，这样的人甚至喜欢各种挑战，越是困难越是能让他兴奋，他的工作能力也就越强。

事实证明，当一个人害怕的时候，做任何事情都没有办法做好，这就如同与对手狭路相逢，由于害怕就不敢出击，浪费了先发制人的时机，因此无法打败对手。

美国职业篮球赛里的马刺队的邓肯绝对是NBA历史上最好的前锋之一，可进入联赛的前几年，由于对大鲨鱼奥尼尔有心理阴影，邓肯总是在他面前打不出自己应有的水平。

奥尼尔与邓肯都属NBA联赛的西部地区球员，因此邓肯的队伍想取得联赛总冠军，和奥尼尔的队伍之间就必有一场面对面的交锋。但邓肯在心理上还是害怕遇到奥尼尔，因为他没有自信战胜对手，以致在防守的时候，他也总在尽量躲开奥尼尔，其结果就是他越是害怕越是防不住奥尼尔。

马刺队长罗宾逊就此没少和邓肯谈心，他告诉邓肯要勇敢直面困难和恐惧，只有如此才有可能和奥尼尔对抗。邓肯听从罗宾逊的话，决定尝试和奥尼尔在比赛中对抗，因此每一场比赛他都很强势地和奥尼尔在篮下拼抢，每次比赛后他都发现自己已经能给奥尼尔制造麻烦了。就是在这样的敢于针锋相对中，邓肯的球技不断地得到提升，最后成了奥尼尔在内线的强大的竞争对手，由此他们二人在各自的职业生涯中交替获得了NBA的好几次总冠军。

生活就是这样的，你越逃避也就越没有作为，你能够激发自己潜能的机会就越少。事实证明，一个人畏惧的时候，他再怎么工作也不可能超越自己平时的能力水平，甚至会比平时更差。而当一个人毫无畏惧直面困难时，他会勇敢尝试以前不敢做的事情，那么就能激发自己的潜能，从而变得自信，他所做的事情就会变得顺利。以前他做不到的事，此刻由于潜能的激发从而做到了，超越了自我。

莎士比亚说过：“本来无望的事，大胆尝试，往往能成功。”美国科学家对心灵力量做过很多研究，他们发现人的心态、情绪能对人的生理产生巨大的影响，不少人在受到刺激之后往往能做出一些出人意料的事情。例如，当一个母亲看到自己的孩子被压在车下时，她能用双手把汽车托举起来，而这很显然是她平时所做不到的。勇敢的人经常会突破自己生理的极限去完成一些出人意料的事，这也就印证了一句老话：一切奇迹都是勇敢者创造出来的。

读万卷书，行万里路，年轻人除了要努力学习和掌握各种知识技能外，还应该注重融入社会，敢于去完成自己渴望的事业，也只有在各种各样的磨砺之下，才会成长，才能不断地突破自我。

有了想法就不要犹豫

淘宝创业永远都不会太迟，当你还在犹豫要不要做时，你又比别人晚一步了。

——马云

生存需要法则，生存讲究法则。我们先来看惊心动魄的一幕：在南非塞伦盖蒂大草原上，一支千军万马的队伍正在涌向马拉河。那是正在大迁徙的角马队伍，为了寻找青草和雨水，它们要向北迁徙。然而，马拉河正是危机四伏、险象环生的时刻，大量鳄鱼正在静静地等待着猎物的到来。尽管前面充满了危险，角马大军还是义无反顾地涉水过河，只见它们勇敢地向前，此时稍有犹豫，动作慢了点，就有可能成为鳄鱼的猎物。

角马的生存法则就是勇敢向前，犹豫就意味着厄运的降临。人类社会同样面临着无数的危险和危机。面对危机，面对困境，也只有勇敢地面对它，勇敢地正视它，不困惑，不犹豫，更不退缩，当机立断，抓住良机，快速出手，才有可能战胜困难，度过危机，让局势发生逆转。常有人在困境面前犹豫徘徊，当断不断，反而错过扭转局势的时机，把机遇拱手让给了对手。

人类社会充满了竞争，谁都在争取最先把握有利时机发展自己，犹豫彷徨，时机稍纵即逝，对手就会抢先一步。人们常说早起的鸟儿有虫吃，马云说得更进一步："如果早起的那只鸟没有吃到虫子，也许就会被其他的鸟吃掉。"

历史上也有不少因优柔寡断而错失良机的先例，比如西楚霸王项羽，这是个霸气十足的人物，在鸿门宴准备除掉刘邦时，只因优柔寡断，错过了时机，让刘邦借机逃掉。楚汉相争的结果是项羽反被刘邦击败。三国时期更有"空城计"传为佳话。当司马懿的大军兵临城下时，诸葛亮却在西城城楼一副悠然模样，这让司马懿进退两难，疑神疑鬼，生怕中了埋伏，最后选择了撤退，本来到手的胜利就这么错失了。袁绍也有同样的问题，只因优柔寡断，没有把握机会消灭曹操，结果却在官渡被曹操打得惨败。

其实，这样的错误许多人都会犯。有些人本来是出于做事周到，追求完美，事实考虑精细，但他们往往忽视了一点，那就是要抓住机遇，因为机遇是瞬息万变的，犹疑一时，将悔恨一世。

可以说，做事果断是所有成功人士的共同特点。戴尔是个善于抓住机遇的典范，他判断事物果断，做事雷厉风行，绝不迟疑。他从军事指挥官的角度解析了这个问题，他这样讲："如果你是一个合格的司令官，就绝对不该在自己的士兵开赴前线时，心里却一直纠结要不要打仗。当士兵列好阵势，架好枪炮后，你却说'请等一等'，这是领导者最大的失误。"苹果公司前总裁乔布斯生前也十分讨厌做事拖拉的人，他一旦有了想法，就迅速付诸行动，从不犹豫不决。

马云也是一个办事果断的人，打个比方说，虽然他并不希望自己成为第一个吃螃蟹的人，但只要闻到螃蟹的香味，他就会尽快成为那个吃螃蟹的人。对他来说，自己的想法或许不是最出众的，也不是最合理的，但时效性最强，所以，他力争将可行的想法在第一时间付诸行动。

马云的可贵之处就是行动果断，敢于抓住机遇，把握时机，在杭州创办第一个翻译社，创办中国第一个黄页。虽然不能说他就是第一个想要创办翻译社的杭州人，虽然他不是中国第一个做基础互联网的人，但他却总在与时间赛跑，因此他比一般人更善于把握时机。当初构想电子商务的人不少，马云只是其中之一，但他成了这个领域的成功者，而且是最出色的，原因就在于在机会面前他毫不犹豫，只要选定目标，就会一直干下去，直至成功。正是这种执着的精神，使他获得了一个又一个成功。

有的人还在犹豫，有的人还在观望，有的人还在怀疑，而此时，马云已经在大步向前了。两相对照，差别显而易见，而形成这种差别的原因就在于在有些人的观念中，保守意识还占上风，这和传统观念有着密切的关系。马云认为，中国有世界级的点子和创意，有世界级的富翁，却没有世界级的行动者和执行者。中国人总是期待着让别人先去试验，因此浪费了太多的好机会。

马云的话是有道理的，在生活中，在我们周围，有很多这样的人，他们充满智慧，富有理想精神，有抱负，但就是难于付诸行动，每当要真的动起来时，就会有很多担心和顾虑，这样往往造成两种结果，或者干脆放弃，或者犹疑。但就在他犹豫不定时，机会也许就被他人抢去了。而每当别人抢先后，他又不服气，认为那本来是自己的创意，是属于自己的。但在事实面前，我们都要承认，成功是属于那些将创意付诸行动的人。

对于我们每个人来说，机会都是均等的，但成功只青睐那些敢于把握机会的人。有想法是好的，没有想法，没有思想，就去蛮干，无疑会摔跟头；但光有想法还不够，重要的是行动，而且行动要快。商场如战场，形势瞬息万变，机会稍纵即逝，容不得我们去犹豫彷徨，就像Facebook的创始人扎克伯格说的那样："我很庆幸的是那些比我最先想到好点子的人没有立即去动手。"

《大话西游》中至尊宝说过一番话就很感人："曾经有一份真诚的爱情摆在我面前，我没有珍惜，等到失去的时候才后悔莫及，人世间最痛苦的事莫过于此……"此话令人心动，也耐人寻味，感情如此，生活如此，商场上也是如此，所以，除了思想，除了创意，当务之急就是行动，立刻行动。不要留下懊悔，不要留下遗憾，要成功，就要义无反顾地去赶紧行动。我们或许并不缺乏思想，不缺乏创意，我们早已成竹在胸，单等迈开双脚甩开双臂，那还等什么，干起来再说！

在别人"看不清"的地方发现机会

很多人输就输在，对于新兴事物第一看不见，第二看不起，第三看不懂，第四来不及。

——马云

在商场上要善于抓住商机，而抓住商机之前，要先发现商机，恰恰在这一点上，人和人就有了区别。发现商机，就要有一双锐利的眼睛。商机不是摆在你面前的，它不会等待你的大驾光临，你要在别人尚在寻觅时，就率先发现它，并及时把握它，这其中的秘诀就是一个字——快。

我们以支付宝为例，就能看出及时把握商机的重要性。2003 年 7 月，马云在接受《经济观察报》采访时就谈到了支付宝的问题，他说："要等到支付问题都解决了，我们还有什么机会，我永远不会等到机会成熟了才去做一件事……"当时淘宝网才出现一个月，但马云及时预言了一个新的商机。果然，马云说这番话刚过去 3 个月，也就是 2003 年 10 月，作为淘宝网的在线支付工具——支付宝就诞生了。

这一步，马云的确有着先见之明，他认为"只有解决了支付问题，才能够做到真正的电子商务"，网上的交易要做大，要繁荣，就要解决支付安全问题。如果不能解决支付安全问题，买卖双方往往就会倾向于进行同城交易，这样就使单个群体内可选择的商品减少，网上交易很难有更大的进展，市场容量也就不可能扩大。在当时的形势下，还没有人出来承担这个风险，这倒为马云提供了一个商机，他也就抢了这个先。

马云也意识到了银行应该有实力做电子商务支付，但银行却不知道怎么做，"等中国的银行准备好做电子商务可能要 5 年以后，5 年以后中国的电子商务跟欧美的距离会越来越远。所以我们不能等到环境好了才去做，我们要主动创造这个环境"。

于是，马云决定自己干一场，就像田径赛场上的运动员，"发令枪一响，你没有时间看对手是怎么跑的，你只有闭着眼往前冲”，而马云还没等发令枪响，就已经冲出起跑线。等到竞争对手开始动作时，他已经准备做最后冲刺了。

对支付宝的威力，马云显然已经成竹在胸，他看到了问题的严重性。“不解决电子商务的支付问题，电子商务不知道下一步会走到哪儿。电子商务资金流的流失对产业和国家带来的危险非常大，如果我们不做，跨国公司是会做的。”马云内心所想，已经超越竞争对手。

有了超前的意识，还要有超前的运作，在淘宝网成立后，淘宝是通过免费方式奠定了用户基础，之后马云开始进军电子支付领域。2003 年 10 月，阿里巴巴首先在淘宝网推出了独立的第三方支付平台，这就是支付宝。这种方式很符合中国人的消费习惯，这种托管式的交易平台，打消了人们的猜忌，有了安全感，先存钱后支付，既简便又实用。

支付宝虽然诞生了，但紧接着就是淘宝网运营成本的增加，因为支付宝就是一台烧钱的机器，每年阿里巴巴要投入两亿元支撑它。表面看给人的感觉像是在做赔钱的买卖，但马云看得更长远，只要做大了一切都好办。也可以这样说，支付宝就是一个产品，是淘宝旗下推出的一个支付工具。

事实证明马云是有先见之明的。2004 年，有一项世界贸易组织的研究报告指出：根据对全球上百个发展中国家的研究，在工业化过程中，人均国民生产总值从 1000 美元上升到 3000 美元的时期是信用重建的时期。而当时中国的状况是，在2003年，经济发展迅速，尤其是东南沿海地区，人均国民生产总值上升迅速，人均1000美元这条均线被一再突破。

而马云早就认定东南沿海地区已经进入了信用重建期，解决网上贸易中资金流问题的时机已经到来。这时，世界贸易组织的那份研究报告还没有发布，马云便抢先了一步。以他的性格，是不会等到全中国人均GDP突破1000美元大关的时候才着手做支付宝，到那时说不准是谁抢先呢。所以，机不可失，时不再来，要早下手，正如俗话所说的那样，先下手为强，后下手遭殃。

马云一直关注电子商务的安全支付问题，在2005年1月27日，也就是支付宝推出两年以后，马云出席在瑞士达沃斯召开的世界经济论坛时，发表了这样一段话："2005年将是中国电子商务的安全支付年。不解决安全支付的问题，就不会有真正的电子商务可言。安全支付的问题一旦解决，电子商务将让阿里巴巴和淘宝网商踏踏实实地赚到钱。电子商务，首先应该是安全的电子商务，一个没有安全保障的电子商务环境，是无真正的诚信可言的，而要解决安全问题，就必须先从交易环节入手，彻底解决支付问题。"

马云甚至做好了赔钱的准备："你敢用，我就敢赔。"

他具体解释说："假如有人使用'支付宝'受骗遭受损失，阿里巴巴会全额赔偿。走银行、保险手续太慢，我们现在是不惜一切代价先打通交易渠道。"

此举在国内电子商务网站中堪称首创。

在商场上能否做个有心人，能否敢于先下手，是能否赢得商机的关键。一个年轻人要远行了，他的父亲叮嘱道："这个世界既不属于有钱人，也不属于有权人，而是属于有心人的。"这位父亲实际上是告诉了儿子成功的秘诀。当然，有心重要，还要有勇气敢于抓住机遇，绝不放弃，绝不犹豫，因为等待和彷徨，就可能失去一次最宝贵的机遇，你不去把握，别人就抢了先。

当你犹豫彷徨时，机遇也许被别人抢先占有，对他人来说，这就是所谓"人弃我拾"，你放弃了，我拾起来。但这往往也是一步险棋，不要以为这就是一个便宜，没有足够的信心和把握，这步棋也是不好下的。

哈得孙河边有个荒废的大铁路广场，特朗普这些年一直关注它，每次从这里经过，他总想要在这里做些什么。在财政危机的年代，对于这 100 英亩（约 40.5 公顷）的庞大地产，还没有人动过开发心思，在人们的眼里，这里就是个危险地带。但在特朗普看来，似乎就没那么难了，人们迟早会发现它的价值。

后来，特朗普偶然在报纸的破产公告中发现一则启事，说一个名叫维克多的人负责出售废弃广场的资产。他觉得这是个机会，于是，他打电话给维克多，要将这个广场买下。但这个想法最终没能落实，维克多又向他提供了另一个信息，康莫多尔大饭店因管理不善，多年亏损，已经破败不堪。

果然，特朗普觉得这也是一个机遇，经过观察，他发现每天都有很多人上班要经过这里，这个位置很好。特朗普把买饭店的想法和父亲讲了，父亲感到很吃惊，因为在许多精明的房地产商眼里，在那里投资肯定要赔本的。这一点特朗普也有感触，但他有办法规避这些风险。他让卖主相信他会买，但又迟迟不付订金，他尽可能地拖延时间。他打算说服一个有经验的饭店经营者一起找贷款，另外争取减免税务。

一切准备到位后，特朗普买下了康莫多尔大饭店。经过重新装修，他把饭店命名为海特大饭店。这时呈现在人们面前的饭店装饰考究、富丽堂皇，一开业就吸引了众多的顾客。顾客盈门，饭店赢利，一年下来，总利润竟超过 3000 万美元。

在生活中，在企业经营中，机遇和风险同时存在，风险和挑战同时存在。在风险和机遇面前，有的人观望、等待、徘徊，他们也许只看到了风险，而不准备克服风险，希望上天降下洪福，可这是不可能的，有志者会迎着风险，知难而上，创造条件克服困难，接受挑战，敢为天下先。许多机遇就是这样赢得的，许多财富也是这样赢得的。

打开眼界，用气魄闯天下

要多看，多跟高手交流。你会觉得和别人的差距是很大的，这样你的眼界就会打开。很多企业家都是这样认为的：我是某某城市排行

第一，但是你到外面看一下，你差得很远呢。所谓井底之蛙，就是这个道理。

——马云

一个新名词正在日益深入人心，这就是“全球化”。不管你的企业规模有多大，或者就是个小企业，也不管你经营的是什么，如今大家都要面对全球化这个现实。在这个背景下，所有的产业都是全球化的一部分，所有的员工都要树立全球化的意识，认识到自己是全球化的参与者。至于经营者，像全球化的经营理念和策略这样的意识更要增强。

1999 年 2 月，亚洲电子商务大会在新加坡举行，马云在参会时发现，会议的议题是“亚洲的电子商务”，在发言人中，美国人就占了 85%，讲的都是 eBay 等美国互联网公司。在马云看来，一个巨大的商机出现了。于是，在当年年底，他决定建立阿里巴巴电子商务网站。马云明白，这个机会的价值链一边连着海外买家，一边连着中国供应商。依据当时的形势，能投互联网的主流资金在国外，互联网的核心技术也在西方，而国内还没有形成气候，因此，马云决定利用一切机遇，首先从国外着手。

既然电子商务的市场主要在海外，阿里巴巴的网站就必须是全球化的，不然的话，阿里巴巴将失去买家。对于当时的形势，马云是这样分析的：“谁买中国产品？肯定是海外的买家。那怎样才能让这些企业成为买家呢？对此有一个最简单的看法就是：办一个市场就像办一个舞会，舞会里面有男孩子、女孩子，如果要把他们都请进来很难，所以策略是先把女孩子请进来，再把优秀的男孩子请进来，这样做市场就会变得越来越大。”

经过权衡，马云制定了这样的目标：不打甲 A，直接进世界杯！这就是他在高盛投资阿里巴巴的天使基金到位后喊出的口号。马云带着他的团队，向着全球化迈出了坚定的一步。

马云全球化的战略设想是这样的："因为我们希望办一个由中国人创办的公司，让全世界骄傲的公司。香港是世界上最大的贸易港之一，作为贸易网站，公司总部设在香港是最合适的。”基于这一点设想，在 1999 年 7 月，他将阿里巴巴总部设在了香港。

为了实现全球化的战略，马云在国外马不停蹄地奔走，他去了几十个国家，参与世界各地特别是发达国家的所有商业论坛，到处宣传他首创的 B2B 思想。他的效率是极高的，一个月内三赴欧洲，一周内到过 7 个国家。所到之处，马云都安排了演讲，麻省理工学院、沃顿商学院、哈佛大学，还有“世界经济论坛”、亚洲商业协会等等，到处都留下了他的声音，在 BBC 演讲还做了现场直播。他挥动手臂，向着台下的听众大声预言："B2B 模式最终将改变全球几千万商人做生意的方式，从而改变全球几十亿人的生活！”

马云的目标就是要加速实施阿里巴巴的全球战略，让阿里巴巴走向世界，成为一个全球的顶尖企业，让全世界的人使用阿里巴巴，要把全世界网民带入网商时代。正是为了这个目标，马云到处奔走，到处呼吁，他的脚步从未停止过。

表面上看，马云将目光集中在国外，奔走在国外，首先看中的也是国际市场，好像有“崇洋”之嫌。实际上，马云所做的一切，都没有埋没他的爱国心。当时虽然阿里巴巴在美国设立了研究基地，在伦敦设立了分公司，但马云却将中国总部设在了香港，并且在杭州设立研发中心。

既然要实现全球化战略，为什么不把阿里巴巴总部设在国外？对于这样的疑问，马云表示，他始终坚持将阿里巴巴留在中国，为的是要让全世界的人都知道，阿里巴巴是中国人创办的公司，阿里巴巴是一家让全世界华人骄傲的中国公司！

有的疑问甚至有些咄咄逼人了，在一次香港举行的记者招待会上，一个土耳其记者提问：“马先生，阿里巴巴应该是属于土耳其的，怎么跑到中国来了？”

马云的回答理直气壮：“这句话我至少在二十几个国家听过，不过我不得不遗憾地告诉你——阿里巴巴不是哪一个国家的，它是属于全世界的！”

创业需要眼光，你有多远的目光，就有多远的前程。胡雪岩说过：“做生意顶要紧的是眼光，你的眼看得到一省，就能做一省生意；看得到天下，就能做天下生意；看得到外国，就能做外国生意。”放开眼界，天地宽阔了，就能看到更多的商机。所有的成功者，无不是放开眼界，纵观天下，当人们沉醉于眼前的既得利益时，他们早已将目光投向更远的地方，因而能先于众人把握市场，把握世界。

说说海尔，它的前身是青岛电冰箱总厂，属于集体性质，资金来源都是通过商业运作方式、资本运营方式，还有就是商业贷款等，国家没有任何投入。它的首席执行官张瑞敏原先也是一名集体所有制的干部，他充满了敬业爱国之情，当企业面临困境时，他经过深思熟虑选定了对外引进之路。在德国他曾听到有人这样评价中国货："在德国市场上最畅销的中国货就是烟花爆竹。"这话让他听了很不是滋味，觉得话里有话。中国有着五千年的文明史，中国对世界的贡献是巨大的，要屹立于世界文明之林，就要挺起腰杆，不然的话，就会被歧视，被埋没。张瑞敏下定了决心，要为中国人争这口气，为中国企业争一口气。

他的目标就是要制造出中国的名牌冰箱，他果断决定引进德国利勃海尔先进设备、技术以及生产线，还吸纳了近两千条高于国际一般标准的技术标准和管理办法。经过不懈的努力，终于创出中国的驰名商标。张瑞敏要把自己生产的冰箱打入德国老家，这是海尔的经营策略，即"先难后易"，把德国作为抢占欧洲市场的突破点。

但打入德国市场是异常艰难的，在此之前很多外国的电冰箱也都难以进入德国市场，后起的中国电冰箱就更难了。进入德国市场必须获得德国的认证，尽管海尔用了一年多的时间终获认证，但海尔产品进入德国还是遥遥无期。

1990 年是海尔第一次走出国门的年份，在一次样品展览会上，德国的经销商就是否和海尔签订电冰箱的销售合同迟迟下不了决心，还在犹豫不决。海尔人很机智，他们提议把四台海尔冰箱和四台德国利勃海尔冰箱的商标都揭掉，然后把它们放在一起比一比谁的质量更好。结果被选中的是海尔产品，于是2万台电冰箱的销售合同当场就签订了。

1997年在科隆国际家电博览会上，海尔给洋人经销商颁发海尔专营证书，标志着凭着优良的品质，海尔敲开了欧洲家电市场的大门。他们还照了一张合影，在那张合影上，中国人端坐在前排，而外国人则在后排站立。对这张照片，有人意味深长地说："中国人坐着意味着真正站起来了。"这是中国人扬眉吐气的时刻。

心有多远，路就能走多远。一个人的眼界决定了他的世界，就像克莱斯勒汽车的一则广告语说的："眼界决定世界。"中国古代寓言《坐井观天》告诫人们，如果将自己限制在一口枯井中，那么你的眼界就只有井口那么大，要看到广阔天地，就要跳出枯井。在全球化的今天，我们的眼界要比以往更远更深，勇敢地把握机遇，迎接挑战。

专注于一只兔子，对机会说NO

十只兔子摆在那里，你到底抓哪一只？有些人一会儿抓这只兔子，一会儿抓那只兔子，最后可能一只也抓不住。CEO的主要任务不是寻找机会，而是对机会说NO。机会太多，我只能抓一只兔子，抓多了，什么都会丢掉。

——马云

在创业的道路上，马云始终坚持既定的路线，就是电子商务。在这个过程中，随着社会潮流的变化，随着市场经济的迅猛发展，新的概念、新的机会也扑面而来。马云任凭风浪起，稳坐钓鱼台，对外界的诱惑也好、打击也罢，他都充耳不闻，坚持走自己的路。有记者问马云："阿里巴巴的战略到底高明在什么地方？"马云是这样回答的："真正优秀的公司都是简单的，一个优秀的CEO最大的使命就是对机会说NO！"

马云认定了电子商务，就义无反顾地坚持下去。在2007年的一个新闻发布会上，有记者采访马云，问阿里巴巴下一步的战略重点是什么。马云回答得很自信，也很坚定，他是这样回答的："阿里巴巴下一步的战略方向是电子商务，永远是电子商务、电子商务、电子商务……"

记者进一步问道："阿里巴巴是否会做门户网站或即时通信？"对这个问题，马云胸有成竹："至少我们现在是在做电子商务，我们所做的一切事情都是为了电子商务，电子商务需要的一切事情我们都会做。"电子商务之外，有很多的诱惑和挣钱的机会，从阿里巴巴建立的第一天起，这样的诱惑和机会就层出不穷，换了别人，为了取得更大的市场份额，为了赚更多的钱，也许早就四面出击，五行八作，都去染指。但在马云看来，仅仅因为与电子商务无关，他一概说“NO”。面对五光十色的市场，他很淡定，没有动心，更没有野心，他坚守着自己的一方阵地，顽强地坚守着。

当然，马云淡定，并不代表所有人在市场诱惑面前都不动心。在房地产大潮中，阿里巴巴的管理层也曾怦然心动，马云立即开会，让大家研究自己的优势究竟在什么地方，是否适合房地产经营。经过研究，决定阿里巴巴还是定位在电子商务。事实证明，阿里巴巴的抉择是正确的，许多高科技公司在投身房地产业后，都遭受了损失。

当下，寻找新的经济增长点成了许多企业的共识，当阿里巴巴于2002年年底全面实现赢利时，很多人也认为“阿里巴巴拥有那么多有价值的注册客户，具备了开拓任何领域的最佳条件”。其实，这个新的问题也引起了阿里巴巴人的关注，自己的公司运营平稳，发展顺利，他们也在寻找新的机会和新的经济增长点。阿里巴巴的高层也是摩拳擦掌，准备再大干一场。但什么才是新的增长点呢？马云面前有三种选择：门户、游戏和电子商务。游戏和短信可以快速见效，很快赢利，而电子商务可能要等到5年后才能见到效果。阿里巴巴到底应该定位在哪里？

权衡再三，马云还是选择了电子商务，这是他一直坚守的阵地。他放弃了游戏和短信。对此，许多人不理解，觉得这样的选择是错过了一个赚钱的大好时机，实在可惜。

人们不知马云到底是怎么想的，而马云的回应很淡定，通过他的回答，我们会理解、敬佩他的道德观和社会责任感，他是这样说的："如果我们投资短信很快会赚钱，2002年、2003年短信业务拯救了中国互联网很多站点。只要投入这个就能够赚钱，但是我后来发现它不可能从根本上拯救中国互联网经济，只能够拯救一段时间。"

他还说："我去一些门户站点做调查，说我可以注册一个免费的邮箱，我看到有一个很长的合同，在一个合同里面我看到中间很细的一条写着如果我这个免费邮箱3个月以后还将继续使用的话，那么他们将会从我这个手机号码里面扣除5块钱到8块钱，我认为这是一种欺诈行为。随着人们对网络了解的加深，我相信不用很长时间，人们马上就能意识到这是一个骗局，而阿里巴巴不希望通过欺骗客户的钱来让自己赚钱。所以我放弃短信。"

同样，对于"为什么不做游戏"他是这样回应的："不做游戏这是跟我的价值观有关，我不希望我儿子玩游戏，如果中国的孩子都玩游戏，中国就没有前途可言了。而且通过分析，我发现在全世界时间不值钱的国家里游戏是最畅销的。你会发现全世界最先进的游戏国家有哪些？美国、韩国、日本，但是这些国家永远不鼓励自己的老百姓玩游戏，它用来出口。有一天我们的领导突然会醒悟，问我们的孩子在干什么，如果在玩游戏的话，一定要对游戏进行限制，因为游戏不能改变中国的现状。所以我说不做游戏，饿死也不做游戏。"

2003年，日本软银总裁孙正义在中国召集大会，与会者都是他所投资的企业经营者，他要听取大家的汇报。马云最后一个发言，显然，他的发言与众不同，难怪孙正义说："马云，你是唯一一个三年前对我说什么，到现在还对我说什么的人。"

的确，马云始终都在坚守自己的电子商务领域，他没有向其他领域发展，不赶时髦，不追逐时尚，他努力把自己的领域做大做强，当那些从前的网络英雄已失去昔日的风采时，马云的脸上依旧挂着自信的微笑。即便是在阿里巴巴上市后，在股民热烈的追捧下，马云也依然冷静、淡定，他没有被胜利冲昏了头，他理智地认为阿里巴巴毕竟还是个年龄只有 8 岁的小公司，他还要沿着既定目标成长，他不会因为外界的压力而有所改变，电子商务依然是他的基础和方向。

一旦目标选定，就专注于它，为达到目标而努力。对这种持之以恒的精神，马云的解析是："创业、做企业，其实很简单，一个强烈的欲望，就是说我想做什么事情，我想改变什么事情。你想清楚之后，你永远坚持这一点。"马云还说过"我专，故我强"，这是一种精神，也是一种品质，正是有了这样的精神和品质，才会产生强大的动力和生命力，才会赢得一个又一个成功。

明确一个目标，始终坚持下去，这样的成功范例很多。世界上最成功的企业，不是靠多元化经营赢得成功的，它们的成功经验就在于在既定的领域专心发展，做专、做实、做大、做强，追风赶浪、四面出击虽热闹一时、风光一时，终究不会长久。就像著名国际竞争战略大师迈克尔·波特曾经说的那样："只有在较长的时间内坚持一种战略而不轻易发生游离的企业，才能赢得最终的胜利。”

台湾有位著名剧作家、导演，名叫李国修，他有句人生格言：“一辈子只要做好一件事，就算功德圆满。”其实，这是他父亲的一句话，他的父亲是台湾唯一会做京剧戏靴的人，他专心做鞋，做了一辈子。李国修开始不理解，曾抱怨父亲做了一辈子鞋也没发财。父亲听了很生气，他痛骂儿子：“你爸爸我从 16 岁开始做学徒，就靠着这一双手，你们 5 个小孩长大到今天，哪一个少吃一顿饭，少穿一件衣裳？人一辈子只要做好一件事，就算功德圆满。”

李国修因此明白了专注的道理。专注就是一种力量，就是成功的秘诀。我们有许多人还不懂得这个道理，他们往往眼光很高，恨不得做个全能之人，在市场上也是什么都想占有，刚有点成绩，就翘尾巴，不知道天高地厚，以为自己干什么成什么，结果往往是摔得更狠。

法国作家莫泊桑曾经是个自视清高的文学青年，有一次他对福楼拜不无得意地说：“我上午用两个小时来读书写作，用另两个小时来弹钢琴，下午则用一个小时向邻居学习修理汽车，用三个小时来练习踢足球，晚上，我会去烧烤店学习怎样制作烧鹅，星期天则去乡下种菜。”福楼拜听后没有表示欣赏，也没有反对，而是说：“我每天上午用四个小时来读书写作，下午用四个小时来读书写作，晚上，我还会用四个小时来读书写作。”然后他问莫泊桑，“你究竟有什么特长，比如有哪样事情你做得特别好？”虽然莫泊桑涉猎很广，但没有专心做一件事，所以他回答不上来福楼拜的问题，于是莫泊桑反问福楼拜：

“那么，您的特长又是什么呢？”福楼拜的回答很干脆：“写作。”莫泊桑由此明白了专注对于成功的意义，于是他拜福楼拜为师，专心写作，收获颇丰。

一心一意地做一件事情，表面看很简单，其实，这是对毅力和恒心的考验。许多科研成果就是在既定目标下，经过千百次的试验才获得的。这个过程是枯燥艰辛的，甚至是漫长的，没有持之以恒的精神是难以获得成功的。在生活中，在企业经营中，在各项事业中，我们都应该认定一个目标，专注这个目标，不被外界干扰，不被外界诱惑，这样才能有所作为，有所成就。

第四章

智慧：

有头脑才能生存于江湖

生存下去比什么都重要

战略有很多意义，小公司的战略简单一点，就是活着，活着最重要。

——马云

市场上充满了竞争，而竞争需要实力，大企业实力雄厚，人力、物力、财力都占据着优势，影响力和品牌知名度都被它们占据着，它们的战略目标也瞄准了发展、扩大和再发展这条道；而中小企业，特别是那些羽翼单薄的小企业，它们资金短缺，技术力量薄弱，软硬件都处于劣势，别说在竞争中取胜，能不被大企业吞并吃掉，就是胜利了。所以，对于小企业来说，在当今市场条件下，首先要考虑的不是去硬拼，让鸡蛋往石头上撞，而应该是如何在夹缝中求生存，在激烈的竞争中避开大企业的锋芒，争取不被淘汰，不被吞没，不被排挤掉。一切从实际出发，实事求是，不做不符合实际的妄想。只要生存下去，就有发展的希望，就有出头之日。

当然，这里并不是说小企业就不能有远大目标，不能雄心勃勃，不能称雄天下。梦想谁都会有，没有梦想的企业家是平庸的，是难以承担大责任的，小企业在远大目标指引下，会一步步走向辉煌，走向更大的成功。何况任何一个成功的大企业也不是凭空就有的，而是经过由小到大、由弱到强的过程成长壮大起来的。但在现有市场条件下，我们还是要面对现实。小企业要成长，要出人头地；大企业同样也想做得更大更强，甚至在找机会吞掉小企业。而且在实力上，大企业占据着绝对的优势，所以，小企业首先面临着生存的问题，生存空间小，生存压力大。

在重重的压力下，小企业的日子是艰辛的，它们在苦难中苦苦支撑着，期盼着属于自己的春天到来。一些小企业满怀希望开张了，还有一些小企业撑不过艰难岁月而夭折了，生存和消亡时刻都在上演着。想壮大起来，谈何容易。日子在提心吊胆中度过，像“弱肉”，时刻提防着被强食。小企业的生存困境让它们的经营者们不得不夹起尾巴小心翼翼地做人做事，不敢招摇，不敢口出狂言，能做的就是摆正心态、正视现实。

马云领导下的阿里巴巴仿佛是个特例，人们疑惑：阿里巴巴当初也是一副穷酸样，可那时候为什么马云就敢信誓旦旦地承诺阿里巴巴将来会成为最大的电子商务公司呢？

马云和他的员工当初的确过了一段苦日子，虽然大家心气很盛，目标高远，但低下头来，还是要从眼前做起。其实，马云当时也在为阿里巴巴的生存忧心忡忡。生存的确是个硬道理，无法生存，什么也谈不了，什么也做不成，只有活下来，才能工作和生活。为了生存，马云四处筹钱，同时还要在各方面省钱。他带着员工咬紧牙关，在困境中艰难地跋涉。

前面说过，小企业在市场竞争中面临着被大企业吞并的危险，所以正确地选择适合自己发展的方向，避开无谓的碰撞，才是聪明的抉择。在阿里巴巴尚处在弱势时，马云就选择了竞争压力最小的B2B业务，这就避免了国际巨头围剿。为了淘宝网的生存，马云采取了一系列措施，比如为了让淘宝网能被更多的用户所认可和接受，他曾经三年免收服务费。在许多人看来，马云是个既聪明又具有战略眼光的人，然而，马云却很低调，他的自我评价就是一个平凡的人，他觉得自己所做的一切都是出于本能，即生存的本能。只要有利于阿里巴巴生存下去，他就会去做，甚至硬着头皮去做。在当时的困境下，除了想办法生存下去，马云并没有什么过多的想法。

创业需要有远大的目标，需要雄心壮志，那么，对于生存来说，只有这最基本的要求就是没有远大抱负吗？其实，最基本的往往又是最重要的，所谓万丈高楼平地起，高楼大厦需要一砖一瓦来搭，生存就是打基础，基础不牢靠，高楼大厦就不会高高矗立。小企业最迫切的要求就是生存，先生存，后温饱，再求发展，这才是一条正确的道路。如果相反，就难以在市场上生存下来，更难以在竞争中胜利，有的只能是失败，是被淘汰。

我们从李自成的失败中也似乎能感受到这个道理。李自成失败的原因很多，其中重要的一条，就是在还未有效地巩固政权之时就盲目冒进。本来，在进军河南时，提出“均田免赋”的政治主张，赢得了灾民的积极响应，起义队伍急剧扩大，胜利一个接着一个。后来还有先取关中，再攻山西，后取北京的战略。这些目标，在一年之内就实现了。在胜利形势下，李自成和他的将领们没有注意巩固根据地，冒险进军北京，终招致失败。而朱元璋则比较理智，他审时度势，提出了“高筑墙、广积粮、缓称王”的稳健战略，终于获得成功。

生存的最大隐患就是夭折，星星之火是宝贵的，也是羸弱的，在激烈的竞争场上，在竞争的疾风骤雨中，它很容易被吹灭，很容易被扼杀，所以，保护好初生的幼苗，精心呵护、养育和栽培，才能让它好好地生存下来，成长起来，直到长成参天大树。

一定要认定最基本的需求，温饱尚未解决，就梦想着美酒和大餐，其志可嘉，但如果不从最基本的需求着手，一切就只能是梦想，成不了现实。所以，在企业经营中，没有脚踏实地的精神，只是好高骛远，看不到自己的弱势，看不到自己的薄弱环节，就不能在激烈的市场竞争中生存下去。

在这里我们要强调一下理智的重要性。在创业的道路上，激情是重要的，没有激情就没有干劲，就没有创业的精神，但激情不等于好高骛远，不等于不切实际。激情固然重要，远大的抱负也重要，但千里之行始于足下，这个道理却是最现实最明智的选择。始于足下，就是一步一个脚印地稳步前进。还没学会走，行走尚且困难，就想去跑，去冲刺，只会扭了自己的脚，伤了自己的骨头。学会生存，然后再活得有滋有味，才会有个光明的未来。

勇气不等于鲁莽，要理智不要冲动

很多人说这个人好勇敢，我觉得勇而敢者死，勇而不敢者胜，我勇而我不敢。很多时候我说有这个勇气，我想我敢动，但是最后我不敢，我对规则、对规律、对莫名其妙的力量表示尊重，我敬畏。

——马云

《道德经》中说："勇于敢则杀，勇于不敢则活。"意思就是：勇于坚强就会死，勇于柔弱就可以活。在生活中，"勇敢"是一种重要的品质，人们因勇敢而不畏困难、积极进取，然而，勇敢也要适时适度，一味地勇敢有时会造成事与愿违。在很多时候，我们要有勇气，但不能鲁莽，要懂得示弱，懂得保持理智，克制自己。在满腔热血时，让自己冷静下来，敢于"不做"也是一种勇气。

人在满怀理想和热情时，会产生一种"人定胜天"的气魄，但这种气魄很容易让人产生冲动和情绪化。无论是大自然、日常生活还是市场变化，都会遵循一定的规律，我们要对这些规律怀有敬畏之心。

梦想和勇气都是必不可少的，要想成功，就必须敢于做梦，敢于实践，敢于突破万难，敢于坚持到底。“敢”和“不敢”是可以相依相存的，“敢”是一种自信、一种能量、一种动力，而“不敢”则是一种认知、一种谋略、一种智慧。在热情的同时，要学会理性地对现实问题进行分析和判断，只有如此，才能切实达到目的。

现如今有很多年轻人都会觉得，只要有机会或者有平台，自己就能够大显身手，干一番大事业。然而实际情况并没有那么简单，倘若有胆量、有雄心就能获得成功，那么成功人士就不会像现在这样屈指可数了。在追求梦想的道路上，大部分人都会败下阵来，最终成功的只有那么几个。并不是因为选择的道路不正确，而是由于在实际工作的过程中，很多人因盲目自信而发生失误，因鲁莽冲动而造成损失。在这一点上，马云可以说是将勇气与理智结合得最完美的人。

阿里巴巴的成功与马云的勇敢和自信是分不开的。在世人看来，马云不仅仅自信，甚至可以算得上是自负了，他的疯狂和执着把阿里巴巴推向了一个又一个顶峰。但马云不会忘记自己追梦路上经历的艰辛，很多坎坷都是始料不及的，风险并不会因你的努力而消失不见，成功还是失败都是无法预料的，因此他在自己的个人简介中写道：“满大街一抓一大把的普通人，不过运气不错，智商一般，但是个福将。”在他看来，成功或许是因为运气好，失败或许是因为倒霉，这些结果都不是人为可以掌控的，而是冥冥之中有种力量，正是这种力量，让马云怀有敬畏之心。

马云知道自己很幸运，赶上了好时候，在互联网发展的大潮中捞了一把。但是，以后会怎样，谁都说不好，因此，阿里巴巴越是发展壮大，马云反倒越是冷静和理智。他知道市场变幻莫测，仅靠勇气和热情不可能取得成功，只有脚踏实地、稳步发展才是最佳策略。马云认为，虽然阿里巴巴已经在行业中独占鳌头，对于未来也有着宏伟的目标，但是依然要懂得尊重市场规律，谨慎面对市场竞争，避免因自我膨胀而横冲直撞。举例来说，在阿里巴巴飞速发展的时候，马云和团队成员都希望阿里巴巴能够尽早上市，在国际市场上大显身手，但是马云没有冲动，而是理性地对局势进行了分析，在他看来，阿里巴巴完全有实力上市，整个团队也具备了足够的勇气和热情，但是上市必须选择最合适的时机，必须保证阿里巴巴能够在中国电子商务市场上长期保持领军的地位。在当时，即便是喜欢说“大话”的马云，也不敢对此打包票，不敢冒太大的风险，他需要时间来观察、考验阿里巴巴。因此，阿里巴巴的上市时间被马云一再推迟。

很多时候，“不敢”并不意味着懦弱，思想上的进取与实施过程中的谨慎并不矛盾。如果没有谨慎的判断和思考，那么“义无反顾”很可能就变成了“横冲直撞”，最后落得个头破血流的下场。

股神巴菲特说过一句著名的话：“当别人贪婪时我恐惧。”事实上，以巴菲特的实力和底气，理应在股市中毫无顾虑，他也并不缺乏勇气。然而巴菲特认为，勇气并不是成功的保障。当其他人都贪婪地向前猛冲时，自己更需要保持冷静，对股市心存敬畏，以免被那些无法预料的“暗箭”伤到。

“云计划”网络平台上曾经有这样一个帖子：一位重点中学的高级教师想要放弃稳定的工作和优厚的待遇，去下海经商自主创业，他上有老下有小，辞职经商必然会面临很大的压力，但理想和抱负又让他不甘于现状，跃跃欲试。一番思想斗争之后，他下定决心，辞去了工作。

对于这位教师做出的选择，网友们众说纷纭。有的网友觉得无法理解，如今工作这么难找，能有个稳定的铁饭碗是很多人都求之不得的，为什么要放弃呢？还有一些网友表示支持，人的一生应该有所追求，要活得有价值，况且很多成功人士都是放弃了原本的工作，去追求梦想，才从芸芸众生中脱颖而出的。

参加了“云计划”的俞敏洪对于这个问题很有发言权，因为他自己就是从教师成功转型为商人的典范。他说：“生活中，人们常常把冲动误作勇敢，因为两者的外在表现都是一样的：敢于放弃别人所不愿放弃的，敢于尝试别人所不愿尝试的。实际上，冲动往往是缺乏目标与规划的盲动，而勇敢是为了梦想而深思熟虑的行动。”在他看来，放弃稳定工作创业经商的做法本身并无对错，关键是当事人自己要弄清楚这个选择是出于盲目冲动，还是在明确目标、合理规划之后做出的决定。

很多年轻的创业者以为只要有勇气和行动力就一定会成功，事实上，但凡有决心走上创业之路的人，基本上都不会缺乏勇气和行动力，相反，懂得适可而止则成为弥足珍贵的品质。一位企业家说过：“如果一个团队中有10个人都举双手赞成某个行动，那么你就要小心了，因为大家可能进入了狂热的状态。”勇气有可能是盲目的，它会让人变得浮躁，看似热火朝天有干劲，其实可能已经误入歧途。一些企业为了防止内部出现这种集体狂热状态，特意做出各种防范措施，例如当大家都赞成某项决策时，必须有一个人竭尽所能提出反对意见，让大家冷静下来，理智客观地做出判断。我们每个人都应该这样，勇气是可贵的，但要小心，不要成为勇气的俘虏。既然命运是不可掌控的，那么就掌控好自己吧。

不被钱支使，掌握主动权

永远不要让资本说话，要让资本赚钱。让资本说话的企业家不会有出息。最重要的是你让资本赚钱，让股东赚钱。如果有一天你拿到很多钱，你坚持今天的原则，做你认为可以赚钱的事，我相信资本一定会听你的。

——马云

企业经营要赚钱，企业追逐的是利润，亏本的买卖谁也不愿做，也不会去做。在这个过程中，明白人懂得要使金钱为我所用，为我服务，就像马云所说，不要让资本说话，要让资本挣钱。企业家要做金钱的主人，做资本的主人，不要让资本来控制自己、左右自己，要让资本谋福利，为所有的股东谋福利。

可能会有这样一种论调，创业离不开资本，而资本常常又是决定一切的，有多少钱，才能办多少事，没钱就办不成事。这样看来，资本就成了一个标杆，它具有约束力，又能衡量实力和权力的大小。这种说法有些道理，但我们也可以从反面去看，正因为资本影响着决策，要想有所作为，就要反其道而行之，即控制资本，支配资本，这才是一个成功企业家应具备的素质。

马云在创业过程中，时刻注意主角永远是自己，绝不被资金所打动，不做资金的奴隶。当年阿里巴巴在融资时，面对庞大的资金，马云不为所动。他清楚地知道，融资，合伙做生意，就会稀释掉自己手中的权力，所以他觉得在资本层面不能稀释掉公司的控制权，特别是在关键时刻，更不能对金钱放松警惕，要沉着、冷静、不动心，保持淡定心态，不为金钱左右。

基于这样的理念，虽然有大笔的资金诱惑，马云还是仅仅接受了软银 2000 万美元的投资，这样的结果，使马云依然掌控着阿里巴巴，这个底线他保住了，大局控制住了。即使到了 2004 年阿里巴巴第三次融资 8200 万美元时，马云仍是第一大股东，占有 47% 的股份。

对于融资和股份制，马云有着明确的态度，就是阿里巴巴不能被他人控股，外人的投资无论多大，都不能超过 49% 以上的股份，这就是他给出的底线，所以，即使是软银和雅虎，也从未真正得到过控股权。就像马云所说："全世界的钱有的是，但是阿里巴巴只有一个。"马云深深地明白这样一个道理，就是融资是为了更好地发展，他所要寻求的是战略伙伴，而阿里巴巴的核心利益是最重要的，这样就决定了他时刻以阿里巴巴的长远战略为依据。

但掌控并不意味着贪恋权势，在马云看来，控股也不意味着无法吸引投资者，在这方面他是不担心的，因为在掌控大局的前提下，要尽力帮助股东挣钱，有所收益，这样投资者自然会找上门来的。马云认为，一个好的企业家应该具备掌控资本的能力，只有掌控了资本，才能激活手里的资本，让它发挥更大的作用，创造更多的财富。当投资者看到你真正挣到钱了，他们才会相信你，才会听从你的调遣。

其实，有很多成功人士也像马云一样有能力有魄力，他们也曾开创了企业辉煌的天地，但他们在融资上出了问题，在资本面前失去了理智，甚至将支配权拱手交出。王志东是新浪网的创始人，2001 年却从首席执行官、总裁和董事的位置上退了下来，此举让整个商界为之震惊。这种现象很多，有很多公司的创始人因为融资问题而离开自己原有的位置，因为在大量的融资后，自己失去了对企业的控制权。苹果公司的创始人乔布斯被迫离开公司，也是因为股权太少。

在硅谷地区的 100 多家高科技企业中，在创业最初的 20 个月内，有大约 10% 的企业的 CEO 是由非创始人担任的。40 个月后，这个比例就攀升至 40%，80 个月后就超过了 80%。这是斯坦福大学通过大量的调研发现的，从这一组数字人们不难发现非创始人控制企业的现象非常普遍。

马云在融资问题上避免了这些前车之鉴，他的原则就是不能让资本代替自己去说话，而是想办法让资本挣钱，这样就能掌握主动权。

其实，融资的问题很多人都遇到过，这也成了他们的烦恼。创业少不了资金，企业发展也少不了资金，想办法融资就成了很多人的头等大事。于是不免见钱眼开，钱多更好，以为钱一到手就前途无量。可是他们也有想不到的，或者是忽略掉了，那就是钱会使你失去对企业的掌控，你的权力会因此动摇，直至被资本吞噬。

由此看来，在融资面前一定要沉着冷静，要想把握好自家的家业，就要将支配权牢牢掌控在自己手里，不能让股东指挥得团团转。不做资本的奴隶，要做资本的主人，要用资本去创造更多的价值，让股东们有所收益。这样做不仅在股东面前挺直了腰杆，也真正让股东们相信你的能力，听从你的指挥。

认准自己的优势，做有把握的事

这个世界不是因为你能做什么，而是你该做什么。

——马云

《孙子兵法》中说道："多算胜，少算不胜，而况于无算乎！吾以此观之，胜负见矣。”意思是：在战争中，胜算大的一方往往会胜利，胜算小的一方往往会失败，由此来看，胜负就可见分晓了。事实上，做事业也是如此，选择有胜算的事情来做，就更有可能取得成功。人的一生时间有限、精力有限，即使只做有把握的事情，也是长期而艰巨的任务。这并不是否定每个人的能力，只要肯下功夫，没有什么是学不会的，但是“能做的”不一定是“该做的”，尤其是渴望成功的人，如果在没有把握的事情上花费大量的时间，而只学到了入门水平，别人早已成为精英，并且还在不断进步，你或许一生都无法赶上别人，更别提与之竞争了。所以，不如去做自己有把握的事，把宝贵的时间和精力用来提高自己而非补漏，这样才是更明智的选择。

有一次，马云在哈佛做演讲，一位学生提问说：“阿里巴巴成功的秘诀是什么？”马云幽默地回答道：“我为什么能够成功，原因有三：第一是因为我没有钱，第二是因为我对于互联网一窍不通，第三是因为我想得像傻瓜一样。”事实上，马云总结的这三点原因有一个重要的前提，那就是，他只做自己有把握的事情。

马云最初创业是和朋友一起创办了一家翻译社做英语翻译，他选择这一行是因为他的英语水平非常高，用他自己的话说就是“可能当时在杭州是英语最好的一个人”，就连他的妻子都开玩笑说“马云说梦话说的都是英语”，可见，马云对翻译工作有着十足的把握，而且坚信自己能比别人干得好，因此才会以翻译社作为创业的起点。

之后，马云投身互联网行业，虽然他对互联网一窍不通，但是美国之行让他确信互联网必将成为人们生活中不可缺少的部分。此后他做的中国黄页网站就是电子商务的雏形，这段经历让他了解了电子商务的运营模式，并且发现中国的中小企业对信息有着极大的需求，因此他进一步打入电子商务领域，并且取得了成功。

做有信心的事、有把握的事，这样才能掌握主动权，无论发生什么状况，都能找到对策，不会“抓瞎”，不会迷失自己，最终在激烈的竞争中取胜。

杨振宁从 1943 年开始在美国留学，学校里提倡“物理学的本质是一门实验科学，没有科学实验，就没有科学理论”的观念，杨振宁受其影响，决定写一篇关于实验物理的论文。他把自己关在实验室里，一心专注于实验研究，然而他的动手能力是出了名的差，经常会搞出一些小事故，他的同学甚至开玩笑：“凡是有爆炸的地方就一定有杨振宁。”这个弱点让杨振宁的研究长时间停滞不前，对此，他进行了深刻的反思，最终放弃了完成实验物理论文的计划，转而开始研究理论物理。这个决定使得杨振宁踏入了自己拿手的领域，最终成了著名的理论物理学家。

倘若杨振宁没有做转变，而是坚持研究实验物理，那么或许他最终只会成为著名的麻烦制造者。他能够取得今天的成绩，恰恰是由于他看清了自己的优势和劣势，只做有把握的事情，这是最正确的选择。

李嘉诚曾说：“我的手头一定要有一样产品，就算天塌下来也会挣钱的。因此，不一定做大，但一定要先做好。”所谓做好，就是做最有优势的、最有把握的，就像他自己说的，“就算天塌下来也会挣钱的”。

曹操有一项重要的作战思想，那就是：一定要打有把握的仗。他尊崇“军无幸胜”的作战理念，意思就是作战不能依赖于敌军的疏忽获胜。做事业也是如此，只有专注于有把握的事情才能取得成功，依靠侥幸或赌博也许会赢一两次，但不是长久之计，总有一天会输得一败涂地。

50多年前，布鲁姆金夫人用500美元开始创业，创办了内布拉斯加家具超市，如今，这家超市的年均税前利润已经达到了1700万美元。布鲁姆金夫人认识数字，但却不会读写，她也没有任何会计知识，不懂得权责发生制是什么。然而，只要你告诉她你的房间大小结构，无论房子的形状有多么稀奇古怪，她都能立即说出你应该购买多大的地毯。显然，布鲁姆金夫人是个很聪明的人，最重要的是，虽然她有很多东西不懂，但是她可以只做自己懂的东西，并且做到极致。她非常擅长交易，而且态度强硬，她可以一直与客户谈价格，直到客户不得不做出让步。她非常清楚自己对什么有把握，并且只做有把握的事情，任何超出能力范围的业务，哪怕只有一点点不懂，她也不会去做。例如，她对股票一窍不通，因此不会把钱投到股票上，哪怕一分钱都不会投。她对自己能做的和不能做的有着明确的划分，因此她在业务上从来不会出错。

做有把握的事情并不意味着要原地踏步、止步不前，而是在有把握的领域内积极探索。爱因斯坦对物理学知识有着充分的了解，他在学术和理论的基础上积极探索，成功地创立了《相对论》，解决了前人无法解释的理论。他的探索对象是未知的，但是这项工作建立在他扎实的物理学基础之上，并没有超出他的能力范围。在有把握的领域内进行积极的探索，使得爱因斯坦为物理学做出了重要的贡献。“知己知彼，百战不殆”，只有认准自己的优势，做有把握的事情，你所付出的辛苦和努力才是有效的，你才能做得更好，进步得更快，取得更大的成功。

生意场上本来就充满了风险，就连做有把握的事都要面临挑战，倘若心里没底还硬要去做，不仅要承受精神上的压力，还要冒倾家荡产的风险。“隔行如隔山”，每个行业都有自己的特点和规则，门外汉必然无法掌握主动权，从起点开始就处于劣势，想要在竞争中取胜，很可能会得不偿失，所以，与其陷入陌生的泥沼苦苦挣扎，不如在自己熟悉的海域乘风破浪，去完成更高更远的目标。

或许有人会说，马云对互联网一窍不通，但也在这一行中成功了。要知道，在马云创业初期，全中国还没有多少人知道互联网，他虽然不懂技术，但是对互联网的认知已经超出了大部分人。况且，即使他不懂，他的创业团队中也有懂的人，能够帮他解决技术问题，而马云自己对大局有把握，只需掌控大局就够了。

所以，无论做哪一行，都要先看看自己有没有掌控力，能不能掌握主动权，如果能力有限，甚至缺乏这方面的能力，只是自己猜测或是看别人成功就觉得“有戏”，贸然行事，最终只会一无所获。

喂饱别人才能壮大自己

淘宝要真正赚钱，我还是这句话：要开始考虑赚钱的时候，是你帮别人真正赚了钱的时候。

——马云

博弈一般有三种形式，其一是零和博弈，即博弈的结果是一方赢利，而另一方吃亏；其二是负和博弈，即博弈的双方互相对抗，最终两败俱伤；第三是正和博弈，即博弈的双方都有利可图，也就是通常所说的双赢，也可以说至少有一方没有被损伤。虽说博弈的最高境界就是正和博弈，但事实上双方都是以赢为出发点，都在争夺利益，因此影响到他人利益是不可避免的。

正和博弈既然是博弈的最高境界，当然是被大加追捧的，那么怎样才能达到这样的境界呢？这其中有什么奥秘吗？其实很简单，就是双方都有所让步，在让步中既有所失，同时有所得，使双方都有所赢。如果你只想着自己赢，毫不考虑对方的感受、对方的利益，针尖对麦芒，这样的结果往往是无功而返。你尊重对方，必然赢得对方的尊重；

你打压对方，对方很可能寸土不让。正和的境界告诉人们，要给对方以利益，让利于对方，这样才能为自己争取利益创造条件，因为博弈毕竟是双向的。

在非洲，有时会看到这样一幅场景，一只凶猛的鳄鱼张开大嘴，任凭鸟儿飞进去在口腔中啄食牙缝中的食物残渣和寄生虫。小鸟轻松地获取了食物，鳄鱼则避免了牙病的困扰。再比如犀牛和犀鸟，它们也体现着一种互相协作的关系，双方都从对方那里获得好处。

创业也是这个道理。谁都想赢利多挣钱，但钱不是想挣就能挣来的，要讲究方式方法。明智的人会首先想到对方，帮助对方挣钱，让别人得到实惠了，自己才会有机会或有更多的机会挣到钱。这就是利己先利人，这也是争取客户资源的有效方式，也可以上升为战略合作关系。首先让利于他人，是一种明智的选择。

利于他人，也利于自己，马云将这种挣钱方式称为“跑马圈地”。阿里巴巴刚成立时，为了吸引更多的人加入进来，会员注册都是免费进行的，这样一来，也为其他客户节约了更多的成本。这个办法也同样用在了淘宝网成立之初，也是会员免费注册。马云还要求淘宝网三年之内免收服务费，这也是为了更好地吸引客户，然而，这样做也意味着三年之内淘宝网的投资都没有任何回报，成本都靠阿里巴巴自己去垫补。

说实话，这对阿里巴巴来说是一笔很大的开支，也可以说是一个重大的损失。易趣网是竞争对手，它的会员每月都要缴纳几十元的店铺费，还有几元钱的商品登录费，另外还有一定数额的交易服务费。

对易趣网来说，每个顾客注册，公司都会有几十元的收入，顾客越多，收益也就越大。

对于阿里巴巴让利于客户的举措，很多竞争对手还不理解，甚至觉得很可笑，在他们看来，照这样下去，阿里巴巴坚持不了多久就得改变免费之策。但阿里巴巴不仅没有改变免费的举措，还建议易趣也采取免费的模式，这是给竞争对手的建议，显然是没人响应的。但后来的事实证明，阿里巴巴不仅没有在竞争中惨败，相反，很多竞争对手的客户反倒被淘宝吸引过来。这样一来，淘宝以退为进，逐渐走在了竞争对手的前面，也开始逐年赢利。

中国有句古话叫“欲将取之，必先予之”。马云所做的一切正验证了这句话的哲理。这有点像钓鱼，仅仅把铁钩子丢进水里，鱼是不会上钩的，而是要给鱼以诱饵，鱼一旦吃到诱饵，也就是咬钩了，这才能把鱼钓上来。对于马云的这种“大舍大得”，雅虎总裁非常佩服。

这种让利的营销模式，中国古代就有先例。在清代山西，就有一个大商人名叫乔致庸，他是个茶商，在营销中，他的方法就是按一斤一两的标准制作斤茶，即顾客买一斤茶叶，可以得到一斤一两。对于茶商来说，这是赔钱的买卖，是亏损，难怪很多人觉得乔致庸发疯了，笑话他不会做生意。但此举赢得了顾客的喜爱，客户高兴，觉得有利可图，纷纷找上门来寻求合作。当别的茶商还在市场上斤斤计较时，乔致庸的生意可是蒸蒸日上，甚至打进当时俄罗斯的市场，他的理想就是“货通天下”，这已经开始实现了。

不管是乔致庸还是马云，都以相同的形式让利于人，在别人看来是吃亏的事，其实这是暂时的，许多人也是仅仅看到他们一时的吃亏，没有从长远看，仅仅看到一时的表象，没有看到他们真正的目的是吸引更多的客户，这是个长久之计，这为进一步占领市场、击败竞争对手打下了基础。

灯火对于盲人来说是无关紧要的，因为他们也看不见，但从另一个角度讲，盲人点灯，虽然自己看不见，没什么用处，但它能够为明眼人照亮前路，带来方便，与此同时，明眼人也就不会在黑暗中撞到盲人身上。这样讲，盲人点灯为他人照亮前路，其实也是保护了自己，自己也是受益者。这对今天年轻的创业者是颇有启示的，为人处世不要急功近利，眼光要放远一些，必要时谦让一些，与人方便，让利于人，建立起彼此的信任，建立起稳固的合作关系，这样自己才能更好地生存和发展。

第五章

聚人：

用合适的人来打造坚实后盾

优势互补，建立最理想的团队

中国人认为最好的团队是“刘、关、张”团队，还有赵子龙、诸葛亮，这样的团队真是千年等一回。我们认为世界上最好的团队是唐僧团队。唐僧是领导，也是最无为的一个，唐僧迂腐得只知道“获取真经”才是最后的目的，孙悟空脾气暴躁却有通天的本领，猪八戒好吃懒做但情趣多多，沙和尚中中庸庸但是任劳任怨挑着担子，这样的团队无疑比“一个唐僧三个孙悟空”的团队更能够精诚合作、同舟共济。这就是团队的精神，有了猪八戒才有了乐趣，有了沙和尚就有人担担子，少了谁也不可以，互补，相互支撑，关键时也会吵架，但价值观不变。我们要把公司做大、做好。阿里巴巴就是这样的团队，在互联网低潮的时候，所有的人都往外跑，但我们是流失率最低的。

——马云

一个团队要想事业有成，就要聚合各方面的人才。作为它的管理者，就要有这样的胸襟，广泛地依靠各种类型的人才，让他们各自发挥自家所长，做到优势互补，这样就能凝聚最强的战斗力。

马云最成功的地方是什么？也许你会说是建立了世界上最大的电子商务网站。这个成就的确引人注目，马云也可以引以为豪，但马云真正得意的是他拥有一支团队，用他的话说就是：“马云的自信不是因为马云，马云的自信是因为阿里巴巴的团队。”正是有了这支团队，才使阿里巴巴成为举世瞩目的大公司。

在马云看来，创业的头等大事就是创立一支优秀的团队，这比融资找钱重要得多。建设一支优秀的团队，就要聚合各方面的人才。什么是人才，在马云眼里，不管“土鳖”还是“海龟”，不管“新人”还是“旧臣”，只要合适，就是最好的。

这样的用人标准就是唯才是举，这就是阿里巴巴的用人原则。公司尊重元老，给元老原始股份，但一个人的资历并不能决定他是否能进入高层，这还要看他的品德和能力。在这里重要的是能力，而不是资历。马云在创业之初就有话在先：“你们只能够做连排级的干部，团长以上的干部要空降！”

拿“十八罗汉”来说，他们都是和马云一起创业起家的元老级人物，而随着公司的发展壮大，在职务分配上，这些人也出现了分化，他们中只有四分之一的人进入最高管理层，而多数人在中层管理岗位上，甚至还有些人做着基层的技术工作。

但这样的安排也不是一成不变的，你只要有能力，依然能够给你压担子，委以重任。孙彤宇就是一个例子。马云提出“团级以上干部要空降”，孙彤宇似乎有些不服气，他说：“也许现在是连排长，我们有信心将来变成师长、军长，每个人都需要成长。”

果然，马云交给孙彤宇一个艰巨的任务，那就是打造淘宝。这个艰巨的任务是要打造一个公司，它要与世界顶级公司 eBay 展开竞争，压力之大可想而知。孙彤宇毫不犹豫地接受了这个艰巨的使命。

怎样打造这样一个公司？马云的发问是这样的：“淘宝什么时候能够打败易趣？”孙彤宇的回答很干脆：“三年！”而结果，孙彤宇不负众望，仅仅用了半年时间就使得淘宝进入全球前 100 名。接着经过努力，在 9 个月后进入前 50 名，一年后进入了前 20 名。到 2005 年，淘宝的市场占有率已经达到 80%，彻底打败了 eBay 易趣这个巨无霸。算算时间，从建立淘宝到击败对手，孙彤宇用时仅仅两年。

孙彤宇经营淘宝可谓大功告成，这也证明了马云用人有方，用人不疑，敢于放手。淘宝的成功，彰显了孙彤宇的才干，阿里巴巴副总裁的重任也落在了他的肩上，在 2003 年，他出任淘宝总经理，成了“十八罗汉”中第一个“封疆大吏”。

有一阵子马云特别迷信“精英”，“凡是要做主管以上的位置，必须在海外，如美国、英国受过 3 ～ 5 年的教育，或工作过 5 ～ 10 年”，这就是他对精英的要求。在 2001 年，他甚至全面放弃“土鳖”，团队成员全部来自“海龟”。

事实证明这样做是有弊端的。作为本土人才的“土鳖”，他们最了解国情，而“海龟”们在这方面却有着先天不足，因此他们的能力相比“土鳖”要差得多。马云深有感触地说：“我请了那么多外国高官，仗打下来他们都死掉了；结果回过头来一看，倒是这帮‘土八路’还在拿着大刀往前冲。”于是，马云对阿里巴巴的管理层做了新的调整，加强了“土鳖军团”，管理团队只剩一个“海龟”。

刚刚调整队伍，新的问题又出现了。马云发现，当进军国际市场时，“土鳖”的实力又弱下来，而“海龟”又彰显了活力。看来，仅仅依靠本土的力量也不行，国际精英还是要引进。2006 年，一支新老结合、土洋结合的管理团队在阿里巴巴诞生了。

说起阿里巴巴新的管理团队，马云笑称它就像个“动物园”，里面有各种各样古里古怪的人。有的人能干活但不能管人，有的人能管人却不能干活。来自 16 个国家的员工聚在一起，让这个“动物园”生机勃勃。来自不同国度的人们，有着不同的文化背景和性格特点，在马云“合适的才是最好”的原则下，阿里巴巴会聚了来自各方的人才，可谓高手云集，人才济济，大家又朝着同一个目标奋斗，形成了一支具有很强执行力的团队。正是这样的团队，成了阿里巴巴的中坚力量，让阿里巴巴去不断挑战，不断成功。

物尽其用，人尽其才，这句话体现了用人的科学道理。仰望空中，我们有时会看到南飞的大雁，它们的队列就很值得我们赏析。它们中最强壮的一只担任头雁，它掌控着方向，所有的大雁都在它的率领下，跟在它的身后。还有两只强壮的大雁断后，它们的职责是保护和照顾好处于中间位置的年幼、体弱的大雁，防止它们掉队。这样的雁阵就保证了群体的飞行效率，保证了幼雁的安全和成长。大雁这种强烈的团队意识，对我们人类来说，也有着很深的启示意义。

在一个团体中，要善于发现和发挥每个成员的长处。工商界一次聚会，几个老板聊起了各自经营的体会，一个说："我有三个毛病很多的员工，我准备找机会炒他们的鱿鱼。"

另一个不解地问道："为什么要这样做呢？他们有什么毛病？"

第一个老板解释说："一个整天嫌这嫌那，专门吹毛求疵；一个杞人忧天，老是害怕工厂有事；另一个喜欢摸鱼，整天在外面闲荡鬼混。"

没想到，第二个老板听了，竟让第一个老板把这三人交给他。

转天，这三人来到第二个老板这里，老板没说什么就给他们做了分工，喜欢吹毛求疵的那位，去负责产品质量；害怕出事的那位，去管安保；爱摸鱼的那位，去跑外交，宣传公司的产品。

这三人可谓人尽其才，皆大欢喜，大家在新的岗位上都很出力，业绩也是直线上升。

还要说到美国环美家具跨国集团老板莫若愚，他很喜欢中国象棋，只要有空闲时间，就要和员工下几盘。似乎象棋的棋路与公司的经营也有相同之处，在他看来，关键还是人的因素，人的能力有大小，但每个人都有自己的优势，同时也有各自的弱项，这很像棋盘上的一枚枚棋子，关键是棋手要用好每个棋子，就像他对一位高管所说："用人像下棋，车往右一走，棋可能就输，往左一摆，就赢了。同样一个棋子，放对位置才能充分发挥能力。”

发现并找到自己的强项，充分发挥自身的优势，明确自己的优势究竟在哪里，做个有心人。唐纳德·克利夫顿是成功心理学的创始人之一，他对一个人的成功就有这方面的判断，他说：“对于成功心理学来说，判断一个人是不是成功，最主要的是看他是否最大限度地发挥了自己的优势。”

人类的优势可谓多多，科学研究发现，这种优势可达400种。当然，数量是最重要的，关键是我们要对每个人的优势或强项心中有数，然后再有效地进行协作，将每个人的优势都充分发挥出来，使每个人的优势组合，成为团体的最大优势。

立业德为先，有才无德者不用

道德是阿里巴巴的天条，永远都不能够被侵犯。

——马云

阿里巴巴的经营理念中非常重要的一点就是以道德为准绳，我们从马云对一个员工的处理上也许就能窥一斑而知全身。一次公司接到一个反映，说一名员工在与客户接触中承诺给客户回扣。主管们听闻后很惊讶，因为阿里巴巴对此是有着严格规定的，绝不允许员工越雷池一步，而那位员工平时又很优秀，这次他是为了这个季度达到“优秀”而想出了这样一个办法。

这位业务员平时是遵守各项制度的，表现很好，业绩突出，上个月刚被评为“销售之星”，本月的销售额即将达到“销售之星”的标准。或许是要做“销售之星”的心情太急切了，才出此下策，就在这节骨眼上出事了。对他怎样处理？就因为这次错误将他开除吗？这让主管们颇伤脑筋。

马云的态度是坚决的，没有任何商量的余地，事发当天，马云就为这位员工办好了离职手续。对这样的违规事件，马云的态度是这样的：“道德是阿里巴巴的天条，永远都不能够被侵犯。”

大多数企业的考核都是以业绩为标准，而阿里巴巴则以价值观为首要目标，这样的考核体系就是阿里巴巴号称“六脉神剑”的人才评估机制。在这个体系中，规定了价值观的重要地位，如果一个员工价值观上不达标，即使业绩再突出，也有被淘汰的可能。

“六脉神剑”将员工划分为三种类型：猎犬型员工、小白兔型员工和野狗型员工。

猎犬型员工在业绩和品德上都达到很高的标准，可谓德才兼备。这样的员工被视为阿里巴巴的宝贝，公司重视对这些人的培养锻炼，他们会被重用。

小白兔型的员工品德高尚，但业绩不是很突出，像俗话所说的“老好人”。对这类员工，阿里巴巴也寄予希望，通过各种手段使他们的业绩得到提高，争取进入“猎犬型”范围。如果经过各种努力都无法实现向“猎犬型”的转型，小白兔就有可能逐渐被淘汰。对此马云的解释是“在两百个人和两个人之间，我只能够选择对两个人残酷”。

野狗型员工属于那种业绩突出，但品德差的员工。对于这类员工，即使他的业绩再突出，也会因品德差而被清除。前面提到的那位员工，就属于典型的野狗型。

每个人都有自己的长处，同时也有自己的短处，十全十美的人是没有的，所以企业在用人方面，不要求全责备，完美主义是不实际的。但这并不是说对有些问题持放纵态度，在原则问题上，在品德问题上，是不可以手软的，对那些品德差的人，长远之计还是不可留用，因为会给企业埋下不安定的隐患。

许多人都看到了员工品德对于企业发展的重要性，尤其是那些有担当、有实力的企业，它们总是将对员工品德的考核放在首要位置。阿里巴巴如此，蒙牛也是如此，蒙牛的掌门人牛根生对此的解读是“有才有德，提拔重用；有德无才，培养使用；有才无德，限制录用；无才无德，坚决不用”，这与马云的“六脉神剑”颇为相似。在激烈的市场竞争中，人们越发注意到品德对于人才培养和引进的重要性，把品德作为衡量一个人的首要条件，这已经成为许多企业的共识。一个人虽然能力略低，但有高尚的品德操守，忠实于企业，这样的人也值得任用；如果一个人有过硬的本领，但品德低劣，这样的人，宁可不用。

杜邦公司有一次招聘，有位年轻人来应聘，他的条件不错，超过了许多竞争者，但在最后环节的面试时没有过关。年轻人虽然很失望，但仍然尽量让自己镇定下来，礼貌地向面试官员表示谢意。当他起身离开时，发生了一个小小的意外，他的裤子被椅子上的一个突出的钉子划了一个小口子，当时面试官还没发现。之后年轻人走到桌前，拿过镇尺，将突出的钉子钉好，然后向面试官鞠了一躬，接着就要离开。没想到面试官却拦住他问道："为什么你都已经知道自己被淘汰了，却还会在意椅子上一颗小小的钉子？"年轻人笑着回答："这和面试毫无关系，我只不过是不想让之后坐这把椅子的人和我一样把裤子划破了。"意外的场景出现了，只见面试官握住年轻人的手说："恭喜你，你被录取了！"年轻人显然很惊讶，面试官说："专业知识的欠缺并不可怕，可以通过努力来弥补，可是职业道德却是一个员工最宝贵的素质，这才是我们最需要的。"

一个人的能力通过培训是可以获得的，但人的品质却很难改变，正所谓"江山易改，本性难移"。品德不佳的人，其潜在的危险性很大，其对社会的危害，与他的能力成正比，越有才干，对社会的危害就越大，这是要提醒用人单位格外留心的。

一个企业要凝聚团队精神，首要的就是要树立以德为先的用人原则。崇高的品德是磁石，它有巨大的吸引力和凝聚力，将团队紧紧地团结在一起；它还如号角，像一股拂面的清风，令人振奋，让人神清气爽。高尚的品德令人敬仰，令人钦佩，它会形成企业巨大的凝聚力和生产力，使企业一往无前地开拓进取。

企业要求得长远发展，重要的保障就是要以德为先。道德的好坏，是一个企业成败的关键，拥有好的品德，就拥有了牢靠的根基，如果品德出了问题，这个根基就会腐烂，枝叶就会枯萎。企业得到有德之人，他就会为企业的发展一心一意做贡献，他就会以自己的诚信忠实于企业，而企业因为有了这样的人才，发展才有了保障。就像但丁所说："道德常常能填补智慧的缺陷，而智慧却永远填补不了道德的缺陷。"在人的所有竞争力中，品德是最重要的，处于核心地位，它支配着一个人行动的方向，决定着为人处世的原则，品德一旦出现问题，方向错了，就会影响全局。

说一个故事，有个年轻人到法国去半工半读，他发现当地的公共交通系统的售票处是自助的，车站没有检票口，也没人检票，乘客想去哪个地方，都可以自行买票。除了购票是这样不设检票的自助方式外，甚至连随机抽查都没有。年轻人发现这个在他看来是管理上的漏洞后，经过一番算计，认为如果逃票，被查出的比例大约仅为万分之三，于是觉得自己有机可乘了。

因为这个发现，年轻人非常自喜，从此便开始了他的逃票生涯，当然，他没忘记给自己找个逃票的借口，那就是自己还是个穷学生，能省就省点吧。

就这样四年过去了，年轻人已经凭借名牌大学的金字招牌和优异的成绩，开始在巴黎一些跨国公司求职，奇怪的是那些公司虽然开始接待得很热情，但往往在几天后又婉言拒绝了他。年轻人很想弄明白这到底是怎么回事，难道是这些公司排斥外国人，种族歧视？

他实在不能忍受了，有一次便冲进一家公司人力资源部经理的办公室，要求经理给出解释。经理的解释是他所没有想到的，经理说对他并没有歧视，本来对他很重视，开始时就觉得他的教育背景和学术水平都很好，应该是公司所需要的人才，但后来发现他的不良记录，就是多次逃票。经理认为他不尊重规则，善于发现规则中的漏洞并恶意使用。经理认为这样的人不值得信任，这样的人在这个国家甚至整个欧盟都找不到工作。显然，经理更看重一个人的品质，尽管这个年轻人一再争辩，最终还是落选了。

诸葛亮说过：君子之行，静以修身，俭以养德，非淡泊无以明志，非宁静无以致远。一个人要想事业有成，关键是要打好品德的基石。开始的基础打不牢，未来的发展就存在隐患，甚至隐患无穷。同样，一个企业在用人上也要格外注重人员的品德。品德高尚的人，能帮助企业树立良好的形象，增强企业的凝聚力，进而成为企业前进的动力。

财散人聚，懂得分享才能得人心

我们需要雷锋，但不能让雷锋穿打着补丁的衣服上街去。

——马云

阿里巴巴诞生初期，员工的工资普遍很低，最初的创业团队甚至都拿不到工资，马云就曾自称是“丐帮帮主”。但公司推行全员持股制，公司的创始人、老员工、空降的高管，甚至在阿里巴巴满4年的员工都享受股权。阿里巴巴每年都要举行一次“五年陈”颁奖仪式，获奖员工可以获得一枚白金戒指和公司赠送的股权。员工虽然拿到期权，上市却始终没有音讯，很多员工都不知道把那张纸放到什么地方去了。有的高管就放出话来：“我不要期权，工资多加一点儿行不行？”

直到并购雅虎中国后，员工们终于看到了希望。2005年8月，高盛亚洲、摩根士丹利亚洲公司等承销团队开始阿里巴巴上市的筹备工作，并于次年9月20日在开曼群岛注册Alibaba.com Limited，在英属处女群岛注册Alibaba.com Investment Holding Limited。这时，员工逐渐意识到那张纸要值钱了。

2007年11月6日，阿里巴巴在香港挂牌交易。

阿里巴巴B2B招股书披露，与马云一同创办阿里巴巴的蔡崇信持有7681万股，身价为9.22亿港元，阿里巴巴B2B的CEO卫哲持有4825万股，身价为5.79亿港元，B2B的CFO武卫持有965万股，身价达1.16亿港元。阿里巴巴的上市，使千人成为千万富翁。据招股说明书披露，阿里巴巴有大约4900名员工持股，平均每人9.05万股，以11港元的招股中间价计算，每人通过IPO得到的财富刚好100万港元。显而易见，在全集团7000多人中，有近70%的员工成了“富豪员工”。

马云深知，要想长久留住人心，仅仅依靠价值观和梦想是不够的，所以，这样的结果是马云愿意看到的。

其实，因为互联网公司上市而造就的百万富翁并不少见，在此之前就已有先例，比如盛大、百度以及腾讯的上市，就形成过三次造富运动。只不过一些高管持股比例较高，而员工较低。2005年百度在纳斯达克上市，诞生了一批百万富翁，但也只有200多人。像阿里巴巴这样让上千人成为百万富翁，还没有先例。阿里巴巴造富的特点是追求员工共同致富，而不是少数人巨富，这就使得广大员工同心同德为公司效力，大家也更拥戴这样的老板。

阿里巴巴大批量造富，体现了马云“财散人聚”的理念。在马云看来，管理一家公司靠的是智慧而不是股权，许多企业之所以陷入利益之争，阻碍了公司的发展，原因就是过于强调控股权与控制权。

马云从一开始就不打算实行控股政策，他不想去控制别人，他认为股权应该分散，这样做的好处，就是调动了其他股东和员工的积极性，让大家都有信心和干劲。

在这一点上，有一个人与马云很相似，他就是蒙牛的董事长牛根生。这两个人本来属于两种类型，但在“财散人聚”这方面却惊人的一致。牛根生对马云曾大加赞赏，那是在阿里巴巴总部在杭州召开的“满月”庆功会上，他说：“马云财散人聚的能力一点不比我老牛差。我是阿里巴巴薪酬委员会的主席，我发现马云分钱大手笔的能力非常强。这就是他的分享能力，所以财散就能人聚。”

“财散人聚”虽然没有造就少数大富翁，但却使阿里巴巴的团队更加精诚团结，更加同舟共济。大家共同经历了创业的艰辛，无论是充满危机的严冬，还是难熬的“非典”岁月，大家都并肩走过，从一天达到100万元的收入，到一天赢利100万元，直到一天纳税100万元，辉煌的业绩，就是由大家共同创造的。

在这方面，牛根生也有着独到的见解，他曾有一番形象生动的解释："这世界上挣了钱的有两种人，一种是'精明人'，一种是'聪明人'。精明人竭泽而渔，企业第一次挣了100万元，80%归自己，然后他的手下受到沉重打击，结果第二次挣回来的就只有80万元。聪明人放水养鱼，他第一次挣了100万元，分出80%给手下人，结果，大家一努力，第二次挣回来就是1000万元！即使他这次把90%分给大家，自己拿到的也足有100万元。等到第三次的时候，大家打下的江山可能就是1个亿。再往后就是10个亿。这就叫多赢。独赢使所有的人越赢越少，多赢使所有的人越赢越多，所以，'精明人'挣小钱，'聪明人'赚大钱。'精明'与'聪明'，一字之差，谬之千里。"

牛根生作为一位成功人士，作为蒙牛的董事长，在常人眼里该是收入丰厚的大款了，但事实是，在蒙牛创立后的几年里，他将自己80%的收入都贡献了出来。他还有个“五个不如”的绰号，就是住房不如副手的阔，座驾不如副手的贵，办公室不如副手的大，工资不如副手的高，股份不如副手的多。为什么不如？因为都捐了。他并非不能拥有好车，早在伊利任职时，公司就曾拨钱让他购辆好车，但他却用这钱为部下每人买了辆面包车。他还曾把自己的108万元年薪分给大家。创办蒙牛后，他把自己每年红利的大半用作奖励员工和经销商。这样的事例还有很多，用自己的钱奖励员工，算起来也有十几年了。从小的奖励几千几万元，到大的奖励几十万上百万元，这样做的目的是什么呢？牛根生认为财产是必须要流动的，该散的钱一定得散，这样才能聚得了人。对他给大家分钱的举动，他的解释是："当时我分钱的目的不是为了救穷和救急，是给我的部下干活预付的报酬。如果我觉得某个人干活非常有能力，只是差一点动力，我认为投资到这个人身上值，对团队会有好处。"

在一个团体中，一定要有团体意识，有福同享，有难同当，大家是唇齿相依的关系，一荣俱荣，一损俱损。当企业处于事业繁荣期时，要大家共同分享它的收获。企业家要有这样的胸怀，要把自己的成功看作是大家的功劳，是大家努力的结果，这样让大家分享你的成功，就会凝聚力量，再造辉煌。

华为的任正非也是这样的典范，"财聚人散，财散人聚"一直是他的经营理念和准则。他最大的特点就是懂得让大家分享，善于让大家分享。华为是国内第一家全员持股的企业，也是国内第一家员工薪酬与欧美企业并齐的企业。人们也许很难想象到，作为这个企业的创始人，在他一手打造的企业里，任正非的股份还不到2%。他的利润分成机制形成巨大的吸引力，一批国内优秀的研发人员聚集在他的周围，一批优秀的管理人才会聚在他的周围，他们成为最早致富的知识分子。

任正非的经营理念显示了他的大气，这让员工有了充分的主人意识，真正成了企业的主人，他们努力工作，奋发有为，形成一股克敌制胜的竞争优势。

马斯洛理论也说明了，要使一个人追求自我实现的境界，则必须先满足其最基本的物质生活的需要。只有当物质生活等这些匮乏性需要得到满足之后，人才才能够最大限度地发挥自身能力来达到创造的需要。

这里还要说说雷锋精神，雷锋乐于助人，把自己的积蓄拿去帮助灾区人民，而自己却艰苦朴素，这与那个时代环境息息相关，反映了一种高尚的时代精神。在社会财富日益丰富、人们生活水平日益提高的今天，我们仍然要保持一种高尚的精神，不要因追求物质利益而放弃精神境界的提升，这样才能保证社会的繁荣和富强，保证大家都有美满幸福的生活。

在马云看来，任何人的成功都离不开一个平台，这就是企业和团队，雷锋乐于做好事，把方便让给别人，把困难留给自己，为他人付出，帮助了别人，自己感到了快乐，这种精神也激发了更多人的正能量，为全社会树立了一种高尚的形象，促进了文明的进步、社会的进步。这也告诉我们，要时刻想到他人，想到团队，想到集体，因为我们是在共同奋斗、共同进步。

用真情实意温暖追随你的人

我们永远要明白，你的价值和产品不是你创造出来的，是你的员工创造出来的，你要让员工感受到——我不是机器，我是一个活生生的人。

——马云

关于如何对待员工，马云讲过一个故事最能体现出他的想法。有一次，他去一个朋友的公司做客，发现这家公司的员工都能午休，就觉得这家公司老总很体恤部下。哪里知道这个老总这么对他解释："我哪里是关心他们呀，我这是为了省电，所以就骗他们，让他们中午强制休息两个小时，可以节约不少电费呢！"

马云说，他听到这家公司的老总这么说时，就觉得这家公司没有前途。在他看来，要是这点很小的事都不能和自己的员工明讲，而要像对付敌人一样，那么又怎么指望员工给公司卖力呢？果然不出马云的意料，这家公司很快就倒闭了。

这件事对马云触动很大，因此他对自己公司的管理者提出要求：必须对员工以诚相待。1996年，马云还在做中国黄页的时候，有一次公司资金紧张，但离开工资的时间只有三天，而他的账面上只有2000元的现金，可要发放的工资需要8000多元。面对这一情况，马云选择不隐瞒，直言不讳地把公司的处境告诉员工，马云的真诚态度获得了员工的理解与支持。当然最后是马云按时支付了员工的工资，这种公司和员工之间以诚相待的做法从那时开始便在阿里巴巴沿用下来了。

在马云对员工以诚相待的例子中，最为突出的是在马云收购雅虎中国的时候，当时他正面临着一个巨大的考验，因为被收购的雅虎中国员工对他充满敌意。为了化解新员工的敌意，他采取了多项挽救措施，并通过实际行动化解：

一是，马云给雅虎中国员工制定了“N+1 计划”的政策，允许前雅虎中国员工在公司被收购后的一个月内辞职，凡是辞职的员工，公司将提供“N+1”（“N”是指在雅虎中国的工作年数）个月工资的离职补偿金。那些不离职愿意留在阿里巴巴的可以获得阿里巴巴的股票期权。马云的这一举措是阿里巴巴之前从未有过的。

在实施“N+1”之后，马云为了把原雅虎中国的员工留住，又做了很多工作。2005 年 9 月，马云在杭州为雅虎中国员工举行了盛大的欢迎仪式，再一次让他们切身体会到了他的真情实意，让他们心里原有的抵触和敌意彻底消失，完全接纳了他们的新老板和阿里巴巴。

2005 年 9 月 23 日清晨，雅虎中国 600 多名员工跟随马云乘坐 Z9 专列来到了阿里巴巴杭州总部，一下车他们就感受到了阿里巴巴为了欢迎他们所做的一切，街道到处悬挂着“欢迎雅虎中国同事来到杭州”的条幅，他们还收到了阿里巴巴总部为他们精心准备的早餐。这样的服务既周到又细致，让雅虎中国员工一下子就有了回家的那种温暖感觉。最让他们感到吃惊的是，杭州市政府领导亲自宴请，招待了阿里巴巴 3000 多名员工，杭州市市长亲自祝酒为远道而来的雅虎中国员工接风洗尘，还有一些浙江省领导也发来贺电与贺信。那天下午，他们的新老板马云也发表了慷慨激昂的演讲，他张开手臂对着雅虎中国员工高声说："欢迎回家！"马云还在欢迎会上庄严承诺："2005 年 12 月 31 日之前，雅虎中国绝不裁员！"马云这一大手笔的情感投资，不但让原雅虎中国员工感受到了新东家阿里巴巴这个大家庭的温暖和对他们的诚意，还让他们的这次收购创下了收购史上的一个奇迹——那些原雅虎中国的员工在收购之后没有一个离开新东家阿里巴巴。

现代管理有一条"南风法则"，源于法国作家拉封丹的一则寓言：南风和北风想要较量一番，于是比赛看谁能先把行人身上的外衣脱掉。北风本性凛冽、寒冷刺骨，所以行人在北风的吹拂下把身上的大衣越裹越紧。而南风徐缓温暖，当南风吹拂的时候，行人觉得温暖，开始解开大衣的衣扣，最后把大衣脱掉，因此南风最后在这场打赌中获胜了。

"南风法则"也被称作"温暖法则"，是企业管理法则中很重要的一个，它告诉我们给人以温暖胜过给人以寒冷。这就要求企业管理者尊重关心下属，时时以员工为企业的本钱，多一些人情味的关心，解决员工日常生活里的实际困难，让员工感受到企业给予的温暖，这样员工才会积极地为企业工作，时时维护企业的利益。

另一个有意思的案例是在 1930 年初期，由于受到世界经济大环境不好的影响，日本的经济也受到了打击，当时很多日本企业为了度过经济危机，实施裁员和降低员工工资以及减产等举措自保，日本失业率剧增，很多人生活没有保证。连老牌公司松下也受到了巨大冲击，他们的产品销售量锐减，产品在仓库里积压情况严重，企业资金周转不便。在这样的情况下，松下高层有人提出裁员和用缩小业务规模的办法自保。但松下幸之助没有同意，而是采用了和其他企业完全相反的做法：工厂的工人一个不减，而在生产上实行半日制，但工厂按全天工资支付给工人，他唯一的要求就是让全体员工利用闲暇时间去推销库存的商品。他的这一决定得到了全体松下员工的全力支持，所有员工千方百计地推销产品，用了不到 3 个月的时间就将积压在库房里的商品销售一空，这样一来，就帮助松下公司渡过了难关。

松下公司的发展史上曾出现过多次危机，可它的创始人松下幸之助始终在困难中坚守不忘员工的经营信念，才使得松下公司上下一心抵御困难的能力不断增强，一次又一次帮助他渡过了难关，而他本人也因此赢得了全体员工的一致称颂。

老话说“欲得天下者必先得人心”，就是这个道理。只有取信于自己的员工，他们才会为企业努力工作。因此，在企业管理中多一点人情味，少一些金钱味，更有助于增加员工对企业的认同感和真诚度。

这也就是很多知名企业在激烈的行业竞争中取得胜利的原因所在。

通用电器的总裁杰克·韦尔奇就经常说："在你的企业中，80%的利润来自于满意的员工。"只有员工对企业满意，他才会为企业做最大的贡献，企业也会因为员工的尽职尽责而走向成功。

优秀的成功企业家的诚信不但体现在他们的经营上面，还体现在对自己的员工体恤有加。因为他们明白人才就是他们最为宝贵的财富，只有自己与员工进行真诚的沟通，才能最大限度地激发他们的创造力。

很多时候一个企业的员工的工作态度能决定他自身的工作效率和产量，因此，也就决定了这个企业的利润大小。有的企业管理者只看到短期的利益，这就如同捡芝麻丢西瓜。往深里讲，这些都和企业高层的决策和用人观念有密切关系。不少管理者把员工当作成本而不是资源，这就造成了为了降低成本，企业对员工拼命压榨的不良行为。企业老板压榨企业中层管理者，中层管理者压榨一般员工，一层层的压榨使得企业和员工之间没有真诚可言，更谈不上相互尊重。

现代人力资源学者就提出过这样的观念：认识企业的资源，而非企业成本。从这层意义上讲，企业最重要的资产不再是金钱和其他的东西，而是由一个个员工组成的人力资源。只有管理者真诚地对待每一个员工，而不是利用他们，才会让员工在人格上获得认可，这样才能让企业人才发挥潜能，更好地为企业所用，从而达到切实降低成本的目的。这是每个创业者从一开始就必须认识到的。

做“首席教育官”，让员工获得真正的财富

我们是教人钓鱼，而不是给人鱼。

——马云

企业要打好基础，追求更大的发展，就要仰仗人才的优势，即发现人才，引进人才。而从长远的角度讲，建立培养人才的机制，更为重要。

在这方面，马云有着切身的感受。从创业开始一路走来，马云深深体会到，什么错误都能犯，但有一样不能犯，那就是因为自己的离开，导致公司倒闭或庸庸碌碌。马云对过去曾有过反思：“在中国黄页时，中国黄页还不错，我离开中国黄页后，中国黄页就不行了；我在外经贸部EDI时，EDI红红火火，我一离开，EDI就从此变成特普通的公司。创建一个伟大的公司，需要一个伟大的机制，需要一批平凡但能从事伟大工作的人。”

马云清楚地看到，再伟大的CEO，他个人的能力也是有限的，“有一天你突然发现，当了三年领导，你的水平还是公司里最好的，那你根本就不适合当领导。领导是通过别人拿成果的。只有当下面的人超越你的时候，你才是真正的领导”。

基于这样的理念，马云对自己的CEO角色重新定位为“首席教育官”，培养了“四大天王”“八大金刚”“十八罗汉”“四十太保”等一

批人才。这些企业骨干个个是精英，都有能力创办、领导和管理一个大企业。经过培养，他们的能力得到了更大的发挥。

马云有志将阿里巴巴变成互联网行业的“黄埔军校”，让这里成为企业家的摇篮，让企业精英们从这里走出去。马云的目标是这样的：“10 年之后，我的考核指标是：在世界 500 强中，中国企业的 CEO 有多少是从阿里巴巴出来的。这些人培养出来以后，对中国经济的影响可就大了。那时，就会形成一个兼有美国全球化战略和日本严谨管理风格，又融合了中国式管理风格的中国方阵。”马云将这项工作视为自己终生的奋斗目标，“未来能做成这个事，那我这辈子也没白活，阿里巴巴也没白做”。

马云既办企业，又办教育，他把阿里巴巴变成了一个大熔炉、一口高压锅、一所大学校，为阿里巴巴培养了人才，也为中国企业培养了人才，不愧为“首席教育官”。

2000 年 9 月，阿里巴巴推出了主打产品——中国供应商项目，大规模的直销团队也随之在年底组建。销售大军由谁来统率，谁能堪当如此大任？销售之战关系阿里巴巴的生死存亡，“十八罗汉”之一的技术副总裁李琪被马云点了将，可谓临危受命。

为什么选择李琪呢？大家百思不解，因为李琪从未做过销售，在这个领域应该算个外行。之所以被选中，用李琪的话说：“以前没做过销售，后来发现很有意思。让我负责，可能马云觉得我不仅懂技术，而且脑子灵。”其实，在当时阿里巴巴大多数人都没有销售经验，对这个领域都摸不着门，无论让谁去做，本身就是一个长期培养教育的过程。而李琪被马云选中，是因为在马云看来，李琪更有可塑性，经过培养，他会成为销售领域的人才，有一番大作为。

李琪当然也是不负马云的厚望，在营销战中为阿里巴巴立了大功，也奠定了他在阿里巴巴的重要地位。

马云非常重视“首席教育官”的工作，为了更好地履行这个职责，他经常参加一些全球最好的论坛会议，在这样的场合，他有机会和比尔·盖茨、巴菲特、克林顿等世界顶尖高手交流，从他们那里取经。而在2004年达沃斯的年会上，马云经常坐在椅子上观望着来来往往的人们。他很喜欢这样的场合，认为这就是一种学习，因为从眼前过往的人都是在全球政界、商界、金融界和学术界很有名望和成就的人物，能和他们在一起，就是很好的学习机会。

马云把参加这样的会议视为很好的学习机会，他说：“达沃斯每一届我都去，从中学习什么叫国际化，什么叫战略眼光，回来之后再跟我们的同事进行沟通交流。我现在被很多人认为是‘狂人’，其实我只不过把高手讲的话告诉中国人而已。因为我是老师出身，不懂技术，老师就是‘贩卖’别人的知识，拿过来消化一下再告诉别人。”

教师出身的马云把阿里巴巴办成了一所学校，对这里的员工来说，在这里干3年，就等于读了3年的研究生课程，收获很多，特别是让自己的大脑更丰富更聪明了。马云对此是这样总结的：“在阿里巴巴吃过各种苦，知道公司如何面对各种挫折，这才像真正从黄埔军校毕业的。”

现在，马云眼前的景象让他颇为自豪，那就是阿里巴巴的“四大天王”，每人至少能够管理1000亿人民币以上的资金，“八大金刚”管理500亿元，“十八罗汉”每人管理300亿元，“四十太保”至少管理10个亿。

现在，有一种现象值得注意，就是许多企业特别是相当一部分民营企业重视企业发展，但轻视人才的培养，收效当然很好，但只是一种短期效应，从长远考虑，则是短视。马云重视企业员工教育培养的理念和做法，以及因此给企业带来的长远效益，值得大家学习和效仿。

解放军也是非常重视人才培养的，好部队要能出人才，好干部也要善于培养人才。一个连长应该把下属的三个排长都培养成连长，一个团长应该把下属的三个营长培养成团长，如果连长、团长没有这样的能力，不能培养得力的干部，那他们的军旅生涯就是白过了。一个优秀的指挥员，要善于培养造就出一支优秀的队伍，这是他的首要任务，因为完成使命靠的就是这些优秀的士兵。

一个企业也和部队一样，都有人才培养的任务。企业最重要的资源就是人才，生产任务重要，人才培养更重要，这关系企业的发展前景，关系企业的长治久安。关于这个问题，松下幸之助有过精到的解析：“一个天才的企业家总是不失时机地把对职员的培养和训练摆上重要的议事日程。教育是现代经济社会大背景下的‘撒手锏’，谁拥有它就拥有了成功，只有傻瓜或自愿把自己的企业推向悬崖峭壁的人，才会对教育置若罔闻。”

再说另外一个例子。有个人经营一家4S店，他技术高明，有着多年的修车经验，而且善于钻研业务，只要看到从未修过的车型，就想修好它。于是，每当有新车型要修理，他就一头钻进车底，独自鼓捣起来，却把店里的另外4个徒弟撇在一边，几个徒弟无所事事地在一旁闲着。这样的场面也许并不陌生，这位师傅技术上无可挑剔，但在管理上却是个失败者。

又想起了诸葛亮这位才智超人的丞相。他聪明过人，有谋有略，帮助刘备制定了安定天下的战略蓝图，以致鞠躬尽瘁、死而后已。有这样的丞相辅佐，汉室理应有大的建树，然而匡扶汉室的理想却半路夭折，蜀国成了三国中率先亡国者。这是为什么呢？诸葛亮为蜀国可谓呕心沥血，遗憾的是他虽然做了很多工作，立下很大功劳，却没有指定一个接班人的培养计划，对阿斗也没有精心培养，最后竟酿成“蜀中无大将，廖化充先锋”的局面。虽然最后他选定姜维来接班，但还是缺乏有效的培养。司马懿也发现了这个薄弱环节，预言诸葛亮寿数将尽。我们重温诸葛亮一生的业绩，在赞叹他在政治、经济、军事上的杰出才能之余，也为他没有积极地做好培养人才的工作而感到遗憾。

古今中外的许多事例都告诉人们，人才培养是企业的发展大计，企业要成长，关键是人才的成长。企业家除了完成生产任务外，还要培养下属，培养员工，这样，企业的发展就有了后劲，有了辉煌的保证。在这方面，历史的经验和教训都值得我们汲取。培养人的工作是一项长期艰苦的工作，要有长远的打算和规划，如果只顾眼前利益，认为培养人的工作不见效益，那就是短视，那是迟早要吃亏的。

重视每一个人，不让任何人失败

什么是团队呢？团队就是不要让另外一个人失败，不要让团队中任何一个人失败。

——马云

马云曾说，阿里巴巴的发展要归功于公司里的每一个人，因此，阿里巴巴的成功相当于每一位成员的成功。在他看来，倘若一个企业只看重能力强、职位高的核心人物，那么企业的发展就会失去平衡。他反复强调企业内部不应该存在歧视，不应该有地位上的差别，虽然每个人所负责的工作不同，能力有强有弱，责任有大有小，但是每一个人都是各司其职、缺一不可的，因此，成员们应该互相帮助，共同提高，这样才能保证团队整体实力的提高。

马云在谈及自己的团队时说，公司职员中有三分之一的人是优秀人才，对于这些人，公司要尽量予以关注，把重要的工作交给他们，并且从中选出最优秀的委以重任。而另外三分之二都是普通人，公司要引导他们，约束他们，并且让优秀人才来帮助他们进步，让他们明白自己应该做什么、怎样去做，这才是一个团队应有的样子。在公司里，马云对每个人都一视同仁，不会过多关照任何一个人，也不会忽略任何一个人，在他心目中，最理想的团队应该是所有人都能共同进步，共同发展，共同成功。

美国管理学家彼得曾提出一个“水桶原理”，意思是说，一个由多块木板构成的水桶，它的装水量决定了它价值的高低，而决定其装水量多少的关键因素不在于最长的那块木板，而在于最短的那块木板，因此，“水桶原理”也被称为“短板原理”。

事实上，水桶原理也适用于企业管理，任何一个企业都会面临一个共同问题，那就是企业中的所有人不可能水平相同，必定是优劣不齐的，决定企业总体价值的并不是那些优秀的“长板”，而是那些处于劣势的“短板”。因此，要想提高企业总体价值，一味将“长板”加长是毫无意义的，最应该采取的措施是专注于那些“短板”，想办法使他们变“长”，切不可忽略他们或是放弃他们，否则将会给整个企业带来不利影响，导致企业无法发挥出自己的价值。

然而，我们往往会在这方面犯下错误，忽略短板，甚至放弃短板。在团队中，弱者通常无法受到足够的关注，甚至会遭到嫌弃和指责。我们总是认为取胜的关键在于能否发挥优势，却不曾想过，只有全方位武装，才能保证整体的正常运转，如果连正常运转都无法做到，又何谈发挥优势呢？这就如同1979年美国航空191号班机空难，以及1985年日本波音747客机坠毁，都是由于飞机在维修过程中没有安装足够数量的铆钉造成的，即使这些飞机拥有先进的设备和技术精湛的驾驶员，但仅仅因为忽略了小小的铆钉，就导致了如此悲惨的事故。

《马太福音》中说："凡是有的，还要加给他；凡是没有的，连他有的，也要夺去。"《道德经》中说："天之道，损有余而补不足。人之道，则不然，损不足以奉有余。"人们总是想方设法增强优势，企图锦上添花，甚至不惜以削弱劣势的方式来供养优势，然而，强者愈强，弱者愈弱，最终造成的就是两极分化，强者未必能够发挥优势，而弱者必将拖垮集体。

实际上，一个团队成败的关键往往决定于弱者，倘若不及时补救漏洞，不提高弱者的竞争力，不把劣势转变为优势，那么劣势就会越来越明显，以至于连竞争对手也会轻易地察觉到这些劣势，对其下手，并且轻易地将其击破。希腊神话中的阿喀琉斯就是这样的例子，他全身都被冥河之水浸泡过，受到保护而刀枪不入，只有脚后跟未被浸泡，成为全身唯一的弱点，而敌人恰好抓住了这个弱点，将其一箭毙命。

团队是一个整体，需要依靠每个组成部分来发挥实力，每个人都有自己的作用和价值，因此，每个人都应承担起自己的责任，扮演好自己的角色，即使责任并不沉重，角色并不起眼，但也是不可缺少的。因此，作为团队的管理者，一定要把团队中的每一个成员都照顾好，无论他们的角色是否重要，无论他们的能力是高是低，都要公平对待。就像一场戏里，不管主角还是配角，都是不可缺少的，就连群众演员也很重要，群众演员出了错，照样需要重新来过，每一个小环节都决定了整体的协调度，所以切不可因小失大。

马云对阿里巴巴的管理方式让我们联想到了雁群在长途迁徙时的生存法则：大雁非常讲究团队合作，在迁徙时，雁群有着严格的组织纪律。在飞行时，它们时而排成人字形，时而排成一字形，前方的大雁通过扇动翅膀来形成上升气流，后方的大雁就借助这些气流来飞行，减少了体力的消耗，为整个队伍节省了体力，这样一来，它们的飞行速度就会更快，飞行距离也会更远。当前方的大雁累了时，就会向后退去，由后方的大雁补充上来，就这样轮流交换位置，保证飞行速度不会降低。而且，这种方式可以有效地保护雁群中的老幼病残，帮助它们跟上整体的速度。当个别大雁因体力不支，不得不落地休息时，雁群就会派一只健康的大雁陪伴它、照顾它，直到它恢复体力再一起飞行，而绝对不会抛下它。

雁群的这种纪律是每个团队都应该学习的。一个团队要想优秀、强大，就要保护好每一个成员，不让任何人掉队，不让任何人失败，只有互相扶持、共同进步，才能把团队的力量发挥到极致。

第六章

社交：

玩转交际圈，扩展人力资源

多结交行业中的大人物

我和比尔·盖茨、巴菲特都是很好的朋友。

——马云

俗话说：人脉就是财脉，一个人朋友的多少、人脉的广度，决定了他所掌握的信息和资源的数量，决定了他有多少门路，而这些门路很可能就是迈过沟壑的桥梁。斯坦福研究中心的一项调查结果表明：12.5% 的人靠知识成功，87.5% 的人靠人脉成功，而在后者当中，有 30% 的人是因为有贵人相助，所谓贵人也就是优质人脉。人脉关系大师哈维·麦凯曾经说过："建立人际关系就是一个挖井的过程，付出的是一点点的汗水，得到的是源源不断的财富。"这口井挖得越深，涌出的井水也就越多。同样，结交的贵人越多，手中掌握的资源也就越丰富、越有效，在竞争中取胜的概率也就越大。

对于自主创业的人而言，行业中的大人物就是最常见的贵人，他们通常掌握着资金、技术和市场，属于相当优质的人脉，倘若能够拥有这样的人脉，和他们成为朋友，那么成功的概率就会大大增加。最重要的是，这些大人物必定也拥有自己的人脉圈，而且他们的人脉资源往往非常丰厚，他们的圈子里也往往都是更优质的人脉。与他们成为朋友，他们的人脉无形间就成了你的人脉，这无异于得到了一大笔投资。

马云就非常善于结交行业中的大人物，他认为，倘若自己的实力和资本不足以支撑自己在激烈的市场竞争中生存下来，那么不妨去结交一些大人物，借他们的力量来帮助自己站稳脚跟。在阿里巴巴刚刚创立不久的时候，马云和他的团队曾面临非常严峻的资金问题，无奈之下，他只好依靠融资来渡过难关，在这个过程中，他遇到了软银公司的总裁孙正义，这场结识可谓给阿里巴巴点亮了前路，孙正义不仅将阿里巴巴从危机中解救出来，而且在此后为阿里巴巴提供了强大的靠山，保证其资金来源。可以说，孙正义就是马云人生当中最重要的一个大人物。

当然，孙正义并不是马云人脉圈中唯一一个大人物，马云的人脉遍布世界，国内有史玉柱、牛根生、柳传志等商界大佬，国外有比尔·盖茨、巴菲特等国际巨富，就连克林顿、布莱尔等国家首脑都与马云有交情。马云与这些大人物来往，并非以获取利益为唯一目的，然而必须承认的是，他通过自己的人脉打开了眼界，获取到了更多的资源和更优质的人脉。马云虽然经常口出“狂言”，但在人脉圈里，他是个非常谦虚的人，善于向别人学习，从这些大人物身上学到的东西，更是宝贵的财富。由于交情深厚，很多大人物都曾经热心地给马云提出重要的建议和意见，可以说，他们是阿里巴巴强大的“编外”智囊团。

或许有很多人不屑于结交大人物，觉得那是一种巴结的行为，然而，为了生存和发展，结交大人物是有利而无害的，你的人脉地位越高，权力越大，资源越广，你能获得的帮助也就越大，成功的概率也就越高。这样一来，你在很多问题上可以节省大量的时间和精力，去完成更高的目标，获得更大的成功。

在这一点上，美国总统奥巴马的经历就是很典型的例子。奥巴马出身平凡，没有政治背景，也没有丰厚家底，只是一个普通的黑人小伙。然而，他在哈佛商学院读书时，结交了很多商界大佬，这些人脉在他后来竞选总统时为他提供了强大的支持，他们不仅为他出谋划策，而且提供巨资为他造势，使得奥巴马在竞争中占据巨大的优势。最重要的是，这些商界大佬熟悉国家经济状况，他们建议奥巴马以经济问题为切入点来博取民心、获得支持。就这样，奥巴马顺利地击败对手，当选美国总统。

结交优秀的人，自己也会变优秀。与大人物做朋友，你会发现自己的眼界和思路都会打开，不再拘泥于以前的观念，学会从不同的角度看待问题、解决问题。对于一个人来说，身处什么样的环境能够给自己带来很大的影响，好的环境是要自己去创造的，把自己置于大人物的环境中，自己也就潜移默化地学会了更加高明的处世方式。

因此，想要成就事业，结交大人物无异于走捷径，这并非要求你在大人物面前低声下气，而是要拿出勇气和实力，在尊重对方的同时，也展现出优秀的自己，让对方看到与你为友对他们来说也是有好处的。马云在与孙正义结识的时候就展现出了非凡的魅力，并且不失尊严。只要能够做到这些，结交大人物、进入他们的圈子就不再是难事了。

敢于抓住一切机会结交贵人

一个创业者一定要有一批朋友，这批朋友是你这么多年来用诚信积累起来的，越积越大。

——马云

一个人在成功的路上，仅仅靠个人的力量是有限的，还要借助外力，朋友就是其中重要的因素。所以，有心人都会在广交朋友上下功夫，正所谓多个朋友多条路。在你困难的时候，朋友会拉你一把；当你遭遇挫折灰心丧气的时候，朋友会给予鼓励，让你重新站立起来，继续前行；当你成功之时，朋友会为你骄傲，为你喝彩，鼓励你继续做大做强自己的事业。

1995 年，互联网时代全面到来，马云正是在这一年创建了他的第一个网站——中国黄页，这标志着中国互联网历史上第一家商业网站诞生了。接下来，中国黄页的业务开始得到延伸，广州、上海等大城市都有了它的业务。不过，虽然业务已经得到拓展，但公司毕竟规模还小，它的发展受到地域性的限制，这一点马云已经深深感受到了。马云决定将总部迁址，他把目光投向北京，为的是将中国黄页打造成雅虎那样的公司，这是为公司长远的发展而做出的部署。

1995 年 12 月，马云和中国黄页的技术总监何一冰带着一台电脑来到北京。他们首先去拜访中国互联网行业大名鼎鼎的“网络女侠”张树新。出乎意料的是，张树新因为很忙，没有很多时间与他们做深入的交流。马云抱着合作的意愿而来，此时不免感到有些失望。

失望之余，马云更觉得举目无亲，因为在北京，他没有亲戚，也没有其他的社会关系，但他并没有因此打道回府。凭着乐于广交朋友的豪爽性格，他很快结识了一个叫钱峰的人，几次交往下来他们成了好朋友。钱峰曾在中关村一家 IT 公司工作，后来辞职经营起了 BP 机的生意。钱峰以自己广泛的人脉，给马云寻找门路。他放下自己的生意，每天开着车带着马云到处游说，北京的知名媒体和政府部门他们差不多都跑遍了，但因为互联网还没有普及，了解它的人还很少，中国黄页这个小网站，知道的人就更少了。

马云意识到要想提高中国黄页的知名度，就要想办法把它宣传出去，引起社会的广泛关注。在现如今，这不算什么难事，但在当时的条件下，做起来却很难。原因是西方国家倡导的“信息公路”这个概念在中国还存在很大争议，支持者和反对者各执一词。在这场争议中，官方似乎还难以明确表态，所以，对于互联网的宣传，哪一家媒体也不敢贸然大张旗鼓地进行。尽管如此，马云依然在寻找机会。他通过钱峰结识了《中国贸易报》的一名司机，想通过司机的关系在北京的媒体上发一下文章，介绍中国黄页，他不怕花钱，只要能宣传出去，钱都算在他的账上。马云的文章很快就在《中国贸易报》上发表了，而且是在头版，这对马云来说是个意外。那个司机的活动能力让他佩服，而主编的绿灯更让马云心存敬意。在马云看来，在当时互联网还没有被广泛接受的条件下，这位主编敢于发表他的文章，这是需要勇气和眼光的。

马云很敬佩这位主编，很想和他当面讨论有关互联网的问题，于是他拜访了主编。开始他只是想聊一聊，没想到，他们居然很投缘，一聊就是三天三夜。主编本来对电脑不熟悉，但听了马云的介绍和设想后，觉得互联网是个好东西，他要帮助马云打开局面。在主编的帮助下，马云邀请北京的媒体和商界人士，进行了一次新闻发布会和联谊活动。借此机会，马云结识了很多媒体和商界重量级的人物，也有机会为互联网、为中国黄页做了宣传。为这次活动马云投入了3万元，活动的结果却并不理想，通过活动，并没有引来商界的投资，但收获还是有的，那就是通过这次活动，媒体对于互联网、中国黄页都有了进一步的了解，大家也愿意助马云一臂之力，帮助他宣传中国黄页。这样说来，马云此行总算没有白花费精力和财力。接着，那位主编又带着马云到国际信息中心、文化部和国家体委等单位进行拜访，但结果都无功而返。

就在这个困境中，又一位贵人出现了，她就是马云的老乡，叫樊馨蔓。樊馨蔓当时在中央电视台《东方时空》栏目组工作，她对互联网也不了解，但马云对创业那股执着劲儿却打动了她，她为马云拍摄了一部专题片，片名就叫《书生马云》。马云的创业历程，他的艰辛和执着，在片中得到展示，片子也真实地反映了互联网在中国的境遇。《书生马云》在央视播出后，马云被一位大学校友认了出来，他叫楼文胜，他被马云的精神感动了。专题片播出的次日，中国黄页就接待了一名应聘者，他就是楼文胜。

但好的开端并不意味着从此成功的大幕就拉开了，事情的发展总是出人意料，总是曲折的。就在当时，所有的媒体都收到一份通知：在没有政府明确支持的情况下，任何媒体不能大肆宣传互联网。出现这种情况的背景是中国科学院的一些院士曾上书政府，认为以中国的现状不适合发展互联网。马云刚刚起步，听闻此事，无疑遭受了一个不小的打击。媒体圈的许多朋友此时也无能为力，但他们建议马云到《人民日报》试试，如果《人民日报》能被他说服，其他媒体就能随之跟进对中国黄页的报道。

马云有个朋友在政府部门工作。一天是他值班，他把马云叫去聊天。马云就谈到了互联网的问题。正当他们热烈讨论时，一位局长从这儿经过，也加入进来。局长觉得马云对互联网有着深刻的认识，他决定邀请马云到人民日报社，给那里的干部们搞一次培训。对马云来说，这无异于一次转机。不久，他就来到人民日报社，为社领导做了一次演讲。慷慨激昂的演讲让总编辑深受启发，他打报告直接向中央申请“让《人民日报》上网”。随着报告被批准，人民日报社启动了上网工程。此举在社会上反响强烈，北京的各大媒体都竞相给予报道，央视《东方时空》栏目还对马云进行了专访。

要想得到“贵人”的帮助，首先你要善于发现贵人，发现贵人的价值，特别是能为你所用的价值。马云虽然初到北京，人生地不熟，无依无靠，但他有自己的生存本领，那就是会发现贵人，善于结交贵人，我们从前面的例子就不难看到，即使是一个普通的司机，也能为马云所用，为马云牵线搭桥。

许多机会都是在无意中找到的，世行高级副行长兼首席经济学家林毅夫，就是在一次义务翻译工作中与舒尔茨教授相识，才有机会拜他为师学习经济学。那还是 1980 年的事情，当时复旦大学邀请诺贝尔经济学奖的获得者舒尔茨教授来校做学术访问，访问结束前舒尔茨来到北大做演讲。当时需要一位翻译，可正值高考刚结束，学校一时找不到对英语和经济学都懂行的学生做翻译。林毅夫就是在这时登场了，他来自台湾，在台时已经获得企业管理学硕士学位，英语基础又好，于是被派去做舒尔茨教授的翻译。在翻译过程中，林毅夫的出色表现给舒尔茨留下了深刻印象，他很欣赏林毅夫。

教授回国后给北大经济学系和林毅夫本人来信，邀请林毅夫到芝加哥大学经济系读博。林毅夫于 1982 年到芝加哥大学，此时，舒尔茨已经 80 岁高龄，而且 10 年未带过博士生了，但教授破例接受林毅夫为关门弟子。可以说，芝加哥大学的留学经历，为林毅夫后来的事业发展奠定了坚实的基础。

在生活的道路上，我们需要贵人相助，在创业的道路上，我们也需要贵人拉一把。有的人可能结识的贵人很多，有的人可能抱怨，为什么我遇到的贵人就那么少呢？其实，大家的机会都是一样的，只是你要善于抓住机遇，当我们抱怨贵人太少时，可能贵人正与我们擦肩而过。当然，很重要的一点，我们要心态平和，放下架子，虚心学习，不要抱怨，要采取主动，这样就会争取到更多的机会。

美国有位知名演员名叫寇克·道格拉斯，他还是位成功的制作人，1949 年在影片《冠军》中扮演了一个残酷无情的拳击手，这个角色使他一举成名。但年轻时，他的境遇颇为穷困，可贵的是他没有因贫困而一蹶不振，他始终保持着乐观的精神。一次在火车上，他与邻座的一位女士攀谈起来。他哪里知道，这位女士是好莱坞的著名制片人。就这样，道格拉斯生命中的贵人出现了，通向好莱坞的一扇门向他敞开了。

要成为成功人士吗？要成为出类拔萃的人物吗？谁都有这样的机会，但有的人实现了自己的理想，有的人却失望而归，究其原因，当然少不了专业技能和工作态度的问题，但重要的一点很可能是人际关系的因素。好的人际关系会助你成功，人际关系糟糕，就会影响你的理想的实现。所以，拥有良好的人际关系，主动去发现和结识自己的贵人，你的出路就会格外宽广，你就会有远大的前途，就会充满活力，在生活和事业上，你就能成为一个强者，就能战无不胜。要做到这一点，就要做长远的打算，做长远的经营，要坚定信念，发扬主动精神，这样，你就离成功不远了。

尊重那些你不喜欢的人

我和你一样，不愿意和不喜欢的人交往。但是对于客户，哪怕你很不喜欢他，你也要尊重他，不要把客户当白痴。客户不喜欢你，一定有他的原因和理由。对于同事也一样，你不喜欢他，可以不跟他做朋友，但一定要成为同事。

——马云

在我们的一生之中，总会遇到一些我们不喜欢的人，也会有一些让我们感到反感和别扭的人出现。可作为一个创业的人，时时刻刻会遇上形形色色的人物，其中难免会遇到看不顺眼的，但又必须和他们打交道，因为这些人当中有可能就有你的客户，或潜在的合作伙伴，或许还有可能是你的最有力的帮手，即便现在你和他们没任何关系，但你得学会和他们友好相处，你要忍耐，不能由着自己的性情，而是要去主动和他们打交道。

著名的社会学家张婷就说过："作为一个社会活动家，你要做的就是容忍，容忍你身边的人，还要容忍你的对手以及你厌恶的人，因为即便大家成不了朋友，也不要轻易成为敌人。”大多时候，我们会容易意气用事，自己喜欢的就玩命靠拢，自己不喜欢的，就想方设法地去排斥，我们这样的做法往往很容易引起别人的误会，也很容易丢失掉自己发展的机会。因为，如果你现在不喜欢的这个人很有能力，那么克服自己的喜好去接近他，就有可能对你有很大的帮助，要是排斥他，就有可能会让自己失去帮助。倘若这个人是你对手，那么你的排斥就一定会引起他的反击，从而给你的事业发展造成不必要的麻烦。

因此，我们在为人处事的时候应当保持理性和克制自己，哪怕是面对自己不喜欢的人，也要好好地和他们相处，只有如此，我们与对方才有机会成为好伙伴，至少不会让双方的关系变糟。克制和理性地为人处事是一种锻炼自己的很好的方法，既可以提高自己的社交能力，也可以让日常的人际关系不会变糟。倘若我们连一个讨厌的人都可以接受，那么无论我们的人际关系中出现何种情况，我们都能解决里面存在的问题。

马云创业至今也遇到了各式各样的人，这些人中必然有不少是他不喜欢的，甚至都不愿与之对话的，可这些人当中有的是他的同事，有的是他的合作伙伴，还有的是他的最重要的客户，马云心里很清楚，这些人都关乎阿里巴巴的生存和发展，并且还能为阿里巴巴带来巨大的利益。因此，他放弃了立场、成见，主动地向他们示好，主动地和他们打交道。

不少人都说马云和他的合作伙伴孙正义有矛盾，两人经常因为公司的事情闹得不开心，对此马云并不否认，因为他觉得孙正义这个人太过精明，有时还自私，经常因为小利不顾及公司员工的利益。在员工问题上，马云认为公司要留住老员工，让老员工带新员工，可孙正义不这么看，在孙正义看来，公司和员工的关系就是雇佣关系，只要公司出钱，换任何人做事情都一样。马云和孙正义在股权分配问题上也存在分歧，阿里巴巴历来讲股权稀释，分配给员工，但孙正义不这么看，孙正义不认同阿里巴巴“员工第一，客户第二”的原则，马云看不惯孙正义，可他没有因此和孙正义闹翻，很多时候，他们的关系看上去和朋友一样。其实很简单，因为孙正义也是股东，马云和阿里巴巴都需要孙正义，这就是公司利益驱使的必然选择。

很多人觉得马云和自己不喜欢的人在一起合作有悖于做人的原则，可实际上他之所以继续和不喜欢的人一起合作，恰恰是在坚持自己做人的原则，因为他坚持自己所做的一切都是为阿里巴巴的利益着想。试问，倘若马云是个疾恶如仇、意气用事的人，阿里巴巴能有今天的成就吗？这当然是不可能的。

老话说，人有千面，只要抓住对你有利的那一面就行了。生活中的每一个人都在扮演自己的角色，小人、失败者、精明的家伙、自卑的人或搞阴谋的人，但他们都有可能是我们事业的好伙伴，我们不要刻意以自己的标准来衡量他们是不是值得我们结交，是不是值得我们去尊重。特别是当我们还是一个创业者时，我们是没有太多选择的，因此，只要对方对我们有利，或能为我们的事业带来好处，我们就要慎重地去处理我们与他们之间的关系，懂得友好相处。不少人做人、做事都很有自己的原则，有的不喜欢浮夸的人，有的不喜欢吹牛的人，有的不喜欢炫耀的人，还有的不喜欢小人得志和自以为是的人。但在生意场上，只要对方是合作者或和我们有竞争的关系，那么我们都要非常小心地来处理自己与对方的关系。商场上，只有挣不挣钱，没有道不道德的事，因此，不能按照我们个人的行事标准来要求对方。为了自己的发展，有时候，我们必须抑制自己的喜好，放下成见和对方打交道。

倘若我们想要生存和发展，那么我们就应该放下自己的成见，主动地去适应这样的环境。既然是想要开创一番事业，还想要取得事业的成功，那我们就应该不断提升自己的社交能力，知道如何与那些可能会帮助自己的人打交道，哪怕那一类人是我们心里非常厌恶的。

提出逆耳忠言的人才是真正的朋友

那些私下忠告我们，指出我们错误的人，才是真正的朋友。

——马云

对朋友这个概念，每个人都有自己的理解，有的人觉得朋友是那些能帮助自己的人；有的则认为朋友是那些赞美自己，能时时维护自己，甚至愿意包庇自己的人。是的，这些人也许真的能称为朋友，可在绝大多数的情况下，朋友应该是那些懂得关心你且在心里愿意站在你的立场来考虑问题的人。只有那些经常直言不讳指出你的缺点和不足的人，才是你真正的朋友，因为他们对你很认真，不会对你的事情敷衍了事，他们时刻都能够为你着想，为你提出最中肯的建议，不会让你走上弯路。

我们在生活中很多时候都会犯错，但多数的时候在犯错之后我们都会害怕批评的声音，不愿意他人对我们所犯下的错误指指点点，因此我们在心理上愿意把那些夸奖我们、替我们掩饰错误的人看成值得信赖的人。可事实是，朋友对我们所犯的错越是包庇、纵容，也就越是对我们熟视无睹，越会损害到我们。因为当我们的错误被人包庇，我们就不能从错误中吸取教训来改善自我，那就意味着，我们还会在同一件事情上犯下同样的、甚至更大的错误。若是我们在犯错时，身边有人及时提醒，并能对我们的行为进行批评和约束，那么我们就能意识到问题的存在，并及时加以改正。

只有最真的朋友才会成为我们人生道路上的指路人，因为他们会帮助我们找出错误，也只有在他们的不断提醒下，我们才有可能避免犯下不该犯的错误，我们是在他们的鞭策下获得人生进步的。经常批评我们的人不一定怀有恶意，而那些说我们好话的人不一定是我们的朋友，那些敢于直言不讳的朋友正是因为不想让你吃亏，才为你指出错误、缺陷。

历史上很有名的明君唐太宗一生中也犯过许多错误，每次犯错时，底下的官员都不敢说话，甚至还会借机献媚讨好一番，可每一次忠臣魏征都会站出来当面批评他。唐太宗李世民觉得自己很丢面子，曾几次扬言要杀了魏征，可发完脾气冷静自观后又觉得魏征的批评在理，由此认为魏征才是自己最好的朋友。后来魏征病逝，李世民很难过，他对自己的臣子说："以铜为镜，可以正衣冠；以古为镜，可以知兴替；以人为镜，可以知得失……今魏征殂逝，朕亡一镜矣！"

作为阿里巴巴 CEO 的马云，虽然不能像唐太宗那样有魏征那样的诤臣，可他却是个愿意接受员工意见，而且愿意将批评他的人看成是自己朋友的企业家。阿里巴巴刚刚出现起色的时候，马云将自己以前的员工撤下来，全部换成高学历的"空降兵"来管理，很多人就说他是见利忘义，批评他只知照搬模式，却不按照阿里巴巴的实际情况办事，开始马云想不通，但后来的事实证明他做错了，因为老员工比新员工更了解阿里巴巴，因此马云接受意见，把解雇的员工重新请回来，并将批评他的人当成了自己的好朋友。

阿里巴巴发展到今天，作为 CEO 的马云自己也承认曾在发展中犯过很多过错，例如，某些员工把不合格的产品卖给买家引发了阿里巴巴的信任危机，当时批评他的声音不断，他接受了，不但道歉，还对相关人员进行了严肃处理。正是由于他及时地听取意见，才挽回了信任。马云自己很清楚，只有当有人批评自己的时候，自己才会意识到这些错误将会导致什么样的结果，倘若没人当即指出，那么后果就不堪设想了。

虽然那些总在挑你的毛病、批评你的人会让你感到反感和不高兴，你认为他们不够朋友、不讲感情，可实际上，正是因为他们关心你才会对你这样，他们出于爱护你才敢于指出你的问题所在，这是对你负责的态度。

《道德经》说："信言不美，美言不信。"其意思就是那些忠诚正直、尊重事实的话往往不怎么顺耳好听，也往往不会令人感到高兴；那些漂亮的词句、优美的修辞和悦耳的言谈并非都是恶意的，可多数时候，它们都具有某些功利性和目的性。那些批评我们过错的声音尽管不好听，可它们却都是真心实意的，因此对我们的帮助也大。这就如同蘑菇一样，色彩鲜艳的固然艳丽，但通常都含有剧毒；而那些长相不好的野山菇看起来很丑，让我们不屑一顾，可它们的味道却非常鲜美无比，甚至有益健康。因此，在评价一个人是好还是坏的时候，我们不能受制于耳目所得的信息，更不能被虚假的幻象所迷惑，而应该透过现象看本质。

互利互助，帮助别人就是帮助自己

帮助这个词太好了，那就是想让别人帮助我们，必先帮助别人，必先让别人感受到我们的帮助。

——马云

人生在社会，就少不了人际交往，在现代社会，特别是市场经济条件下，人际交往就显得更为重要，这是生活的需要、生存的需要，更是发展的需要。但是，需要注意的是交往的原则是双向的，既要考虑自己的需要，也要考虑对方的需要，无论是物质层面的还是精神层面的。

既然互助是人际交往的重要原则，那么当对方遭遇困境，我们就要及时出手相助。2011 年，宋卫平的绿城就遭遇资金周转难题，甚至都有了“破产”的传言。马云得知后，立即想办法。2011 年 11 月 5 日，阿里巴巴员工收到一封内部邮件，邮件号召员工购买绿城的三处楼盘，购买可以享受绿城员工内部的 9.2 折扣，另外还可以享受额外团购的折扣。第二天，60 名阿里巴巴的员工组成专属看房团，分两组专程去参观考察了三座绿城楼盘。这件事在宋卫平那里也得到了证实，他说：“马云号召阿里巴巴的弟兄们买入绿城的住宅。”

作为老乡，马云帮助宋卫平本是很平常的举动，但除了这层因素，还有个重要的原因，那就是江南会的“江湖令”。

说来话长，中国人喜欢聚会，喜欢聚餐，在社交活动中，在餐桌上，在觥筹交错间，人们增加了了解，交流了信息，以至谈成了生意。顺应这种需求，马云便建了这样一个能让商界大佬聚集的场所。江南会原本是马云的私人会所，后来马云想应该有一个平台，以便创造价值，他联络复星集团董事长郭广昌、网易 CEO 丁磊、银泰集团董事长沈国军、万向集团总裁鲁伟鼎、盛大网络 CEO 陈天桥、绿城集团董事长宋卫平、青春宝集团董事长冯根生，大家一起作为创始人，将江南会对外开放，改变了私人会所的性质。

在国外，类似的俱乐部也有不少，它们为一些有钱人提供场所，进了这样的俱乐部，就是身份和地位的象征，那些阔佬以进这样的俱乐部为荣。但江南会与之不同之处是，成为这里的会员，就不仅是身份的象征，还有着更现实的意义，那就是一个“义”字。持有“江湖令”的会员，一旦遭遇紧急情况，急需帮助，只要出示此令，轮值主席就有义务召集会员研究对策，安排救助事宜。会员无论身在何处，都要动员起来想办法帮助会友渡过难关。“要是真没钱了，我们也会马上倾囊相助”。

但“江湖令”是到万不得已时才可使用的，对于每个会员来说，他们只有一次机会行使“江湖令”。另外“江湖令”的使用还有个条件，就是一旦使用，其所有者在得到会友帮助后，将离开江南会。这样看来代价是巨大的，但也是值得的。

类似“江湖令”的举措在商界不仅是马云独有，在2008年出现了“三聚氰胺”事件，蒙牛也遭遇了危机，牛根生向“中国企业俱乐部”求助，在俱乐部的帮助下，危机度过了。事后，牛根生发出了一封情真意切的感谢信，通过这封信，人们认识了中国企业家俱乐部这个隐秘的会所，见识了它的力量。

还有就是泰山会（泰山产业研究院）的会员之间互相协作，当年史玉柱败走珠海时，就是泰山会组织了救援。重整旗鼓后，史玉柱曾在京邀请好友座谈，史玉柱说，他处在低谷的时候，泰山会给了他很大的精神帮助和重新创业的经验，“这是我能够复出的重要条件”。史玉柱对泰山会充满感激，泰山会的发起人之一——四通集团董事长段永基专门赶来为史玉柱做主持。有了这层关系，此后史玉柱力挺民生银行也就在情理之中了，因为民生银行的卢志强也是泰山会的会员。这就是会员之间的鼎力相助。

关于信任及由此产生的互助，《纽约时报》专栏作家大卫·布鲁克斯有这样的阐述：“信任是一种习惯性的相互关系，慢慢地变成了一种感情。随着两个人……慢慢发现可以依靠彼此，这种情感就在不断发展。很快，互相信任的成员不仅会愿意与对方合作，而且愿意为对方牺牲。”

朋友之间需要合作，我们的社会需要合作，合作是雪中送炭，是给受助者以希望，给困境中的人们以摆脱危机的生路，这是一种无私的奉献。当别人有难时，你援手相助，当你遭遇不幸时，人们也会以帮助回报于你。互助让人与人之间的关系更和谐，让社会更和谐，让社会充满希望和阳光。互助让我们有了战胜一切困难险阻的法宝，我们因此不再孤单，不再彷徨。有了朋友的帮助，有了同行的帮助，有了相识或素昧平生的好心人的帮助，我们就能笑对人生，笑对艰难险境。在生活中有许多这样的故事，让我们感动的同时，也让我们的社会风气更清新、更纯净。

胡雪岩是个出手大方的人，当别人需要帮助时，他总是能鼎力相助。有一次，浙江藩司麟桂托人向胡雪岩传话，要借两万五千两银子急用，原因是麟桂在任期间，亏空了一笔银子，此时他将调任江宁，走之前他准备把这笔钱补上。但人走茶凉，此时谁也不再待见他，只有胡雪岩慷慨地替他解了围，真可谓雪中送炭。麟桂也以三样礼物相赠，不仅让胡雪岩的阜康钱庄家底变得雄厚，更让阜康钱庄在浙江省站稳了脚跟。

在商品社会中，人性这个东西正在经受严峻的考验。唯利是图者有之，损人利己者有之，不正当竞争者有之，这些都使人性发生扭曲，实际的结果是损人不利己，害了别人，也害了自己。虽然这只是少数，但给人们的心灵留下了阴影。经过痛苦的反思，人们更期盼人性的回归，期盼良知的回归。好在社会总是向着文明进发，我们欣喜地看到，文明之风正在社会上兴起，邻里之间，同事之间，同行之间，企业之间，一股互助互帮的好风气正在形成良性循环。送人玫瑰，手留余香，埃·哈伯德说:“聪明人都明白这样一个道理，帮助自己的唯一方法就是去帮助别人。”也有人把这种关系引申为建立和扩大人脉网，这或许也有道理，当下人们不都很讲人脉吗？但要记住，当别人需要帮助的时候伸手拉上一把，这样你的人脉网才会扩大，这当然也是双向的。

第七章

御敌：

有对手，才会发展得更好

竞争者是你的磨刀石

竞争者是你的磨刀石，把你越磨越快，越磨越亮。

——马云

中国大陆互联网产业的发展，在经过十年的磨砺后，涌现出一批精英企业，比如阿里巴巴、新浪和百度等。随着互联网信息量的不断增大，其潜在的能量也呈现出不可低估的态势。互联网行业的发展受制于新技术的开发，一项新技术的出现，往往会给这个行业造成颠覆性的改变，所以，这就决定了 IT 界不可避免地要进行激烈的竞争。

马云也同样面临竞争的压力，但与其他竞争者有所不同，他对竞争有着自己独到的战略和心态。在企业发展上，竞争是无法避免的，竞争能够激发人的拼搏精神，让人振奋，让人乐于竞争，使竞争成为一种乐趣。竞争犹如下棋，输赢是常事、是乐事，高明的棋手不会因为败下阵来就和对手大打出手。

马云为自己选择了一个竞争对手，它就是eBay，这是基于eBay在全球C2C市场的实力以及对中国市场的窥视而做出的选择。在淘宝总裁孙彤宇眼里，eBay就是一个理想的“陪跑员”。他的一番话讲得很形象，他是这样说的：“就像小时候我考体育，跑百米有一个非常深刻的体会，一开始不懂，两个人两个人地考，我就找一个比我差的人，我觉得我比他跑得快，感觉很爽。后来我发现不对，我要找一个比我跑得快的人，这样两个人一块跑，我才会跑出比原来好的成绩，因为他跑在我前面，我想要超过他，这是‘陪跑员’的责任。我觉得对于企业来说，这可能比较自私。但如果身边有一个跑得慢的人，你真的很爽，尤其是离得很远了，你不断地回头去看，甚至还停下来朝他望望，有可能还点根烟抽抽。所以，我们要的是比我们跑得快的人。”

基于这样的考虑，马云在“西湖论剑”和“网商大会”上向所有的对手发出了邀请函。他把竞争对手当作自己的磨刀石，他要在这一块块磨刀石上把自己磨砺得更锋利，在竞争中塑造行业高手，在竞争中茁壮成长。竞争只是一场游戏，不会你死我活，电商行业的成熟，就是许多互联网公司在竞争中共同努力促成的，因此，可以说正是竞争推动了互联网行业的大发展。马云希望看到的不是自己一枝独秀，而是整个行业的繁荣，就像他所说的那样：“我希望到时候能看到一个百花齐放的景象。阿里巴巴为其他公司提供了经验教训和资源，其他公司发展起来，也会给阿里巴巴带来很多好处。在一个行业里，一枝独秀是不行的，也是危险的。在中国，凡事三足鼎立才能使一个行业发展起来，至少做大三家才有钱赚。一个很好的例子是TOM进来了，三大门户网站之间不打架了。为什么？因为大家都成熟了，这个行业也渐渐成熟了。”

在不断的市场竞争中，所有的企业都得到了发展，都会从中受益，这就是市场效应，就像大家一起将一块蛋糕越做越大。对这种现象，哈佛商学院的竞争战略权威迈克尔·波特教授曾有个这样的解释："'竞争对手'的存在能够增加整个产业的需求，且在此过程中企业的销售额也会得到增加。”

对这个问题，马云也有类似的想法，他是这样说的："对手死了，你一定活不好。一定要有一个对手，企业才会发展得越来越好。”他还认为，商业间的竞争不但是一门艺术，还应该是企业与企业间的生态和良性竞争。这就像大自然中的生态链一样，食肉动物吃食草动物不是因为它恨食草动物，而仅仅是为了自己能继续生存下去。在竞争中，马云的原则是尊重对手，他不允许员工说竞争对手的坏话，这是阿里巴巴人必须遵守的原则。在马云看来，竞争不需要仇恨，需要的是智慧，他经常说："正所谓'心中无敌，无敌天下'，如果你眼中全是敌人，那么外面就全是敌人。”马云能在竞争中胜出，能在绝处逢生，就是因为坚守这样的原则。

在竞争中，我们要对竞争对手心存感念，因为正是对手的威胁和刺激激励了我们奋发有为，去开拓进取。没有对手，我们很可能会懈怠，会满足现状，会故步自封。对手让我们知道天外有天，督促我们向更高峰攀登。

比斯高公司的行政主管唐纳·肯杜尔就把遭遇竞争对手看作一件好事，他说："在生意上遇到强劲、精明的竞争对手，是用钱都买不到的'好事'。"他认为，竞争能够让人重新激发斗志，保持旺盛的活力。如果一个人缺乏竞争意识，那将是一种悲哀。对竞争对手，打从做生意起，肯杜尔就心存感激，他说："我的生意竞争对手有的比我强，有的比我弱；但不论其行与不行，他们虽令我跑得更累，但也让我跑得更快，这足以保障一个企业的生存。"

应该感谢竞争对手，是他们把我们变得强大；是他们在我们迷茫时，为我们指明目标和方向；而当我们沾沾自喜时，又是他们不断地敲打我们，让我们保持头脑清醒；还是他们，在我们大功告成时，提醒我们新的挑战就在前头。

再举个例子。日本企业家福富先生，当他 17 岁就进入一家公司工作时，发现周围同事都是资历较深、经验丰富的老员工。福富因为年轻、资历浅，难免受到老板的训斥，老员工也会对他轻视，这样的处境自然很糟糕。面对这样的处境，福富没有退缩，自己资历浅，就要多学习，他把老板的训斥和老员工的轻视当作一种机遇，当成一种动力，这就调整了自己的心态，再见到老板和老员工时，就不必惊慌害怕，而是主动上前，虚心求教："我难免有做不到的地方，请多指教！"年轻人这样尊重自己，老板和老员工也不好再摆架子，他们也不再把福富当外人，有什么要注意和改正的地方，他们也会以长者的姿态告知福富，福富恭敬地聆听指教，及时改进，这样就把自己的工作越做越好，也得到了老板的赏识。两年后，他就被提升为部门经理，这时他只有19岁，是公司最年轻的部门经理。老板对他的评价就是“工作勤恳能干，善于向他人学习”。这也算是一个向竞争对手学习的典范吧。

有位资深体育教练说过：“竞争对手是每个运动员最好的教科书，谁要想战胜竞争对手，谁就得向竞争对手学习。”运动员在场上能否取得好成绩，很大程度要看对手是否强大。许多好成绩都是在对手的压力下，在与对手的拼搏中取得的，所以，从某种角度讲，是对手让运动员取得了好成绩。中国运动员刘翔在2004年获得110米跨栏冠军时，他与前世界冠军约翰逊紧紧地拥抱在一起，这表现了刘翔对前辈的尊敬和感谢，他尊敬栏坛前辈，感谢对手的出色表现。如果没有约翰逊同场竞争，刘翔也许会感到孤独，他从对手那里学到了很多，对手就是他最好的老师。也正是有了这样强有力的对手，刘翔才不断向新的纪录冲击，不断取得更好的成绩。

我们的压力来自竞争对手，我们的动力也来自竞争对手。我们要把竞争对手视为好老师、好教练，他们教会我们在竞争中成长壮大，在竞争中发掘我们的潜能，从而创造更好的战绩。从这个角度讲，我们不仅不能诅咒对手，相反，我们要感谢他们，真诚地向他们说一声：谢谢！

要把对手想得非常强大

永远要把对手想得非常强大，哪怕他非常弱小，你也要把他想得非常强大。

——马云

心理学上有个隧道效应，说的就是，当一个人处在一个隧道中时，他的眼界就只有那个隧道那么大，他所看到的世界也就是隧道那么大的世界，可当他走出隧道就会发现外面的世界比刚才的隧道要大得多。这一说法类似于成语“坐井观天”。有时我们觉得世界太小，自己很强大，那是因为我们处在自己狭小的世界里，我们所认识的人只有那几个，可当我们走出自己狭隘的世界，就会发现人外有人天外有天，这时我们才会意识到自己其实非常渺小和脆弱。

马云虽也曾说过一些自大狂妄的话，例如“让阿里巴巴成为全世界最大的电子商务公司”，“让天下没有难做的生意”，“我用望远镜也找不到对手”，其实，他从心底并没有小看过任何竞争对手，现实生活当中，他还是一个脚踏实地的人，一切都从小事做起，踏踏实实，非常低调。例如在收购雅虎中国时，他对被自己收购的雅虎中国给予了很高的赞美，说雅虎中国是具有这个世界上最强技术和丰富经验的公司，而雅虎中国也是阿里巴巴最需要的发展成本和资产。他的这一谦卑姿态就是一个胜利者尊重对手的具体表现，也正是因为如此，阿里巴巴才会在他的带领下取得如今的成就。

1987年，戴夫·麦考梅克从西点军校毕业，他回忆那段生活时，曾不无感慨地说："西点军校是特别能打消傲气的地方。我来自一个小镇，在那里，我是优等生，而且还是一个运动队的头目。我来到西点后发现，我的同学中60%是运动队的头目，20%是所在中学的尖子。今天你还是一个地方的明星，明天你就只是数千强者中微不足道的一个。"

戴夫·麦考梅克的这番觉悟，让他对自己和生活有了清醒的认识，让他明白了做人必须打开自己的心胸，一定要开阔自己的视野，不能把目光局限在自己的小圈子里，更不能只是看到自己。当我们自以为很强大的时候，我们常常会低估他人的实力，我们并没什么可以骄傲自大的资本。即便我们的确非常出色，比他人要高出一截，但我们也绝不可以目空一切，锋芒毕露，更没必要狂妄地看待那些不如我们的人。越是自负狂妄，我们就越容易遭遇人生的滑铁卢；我们越是看不起他人，也就越是容易被他人击败，因为当我们目空一切时，实际上失败已悄然地在靠近我们了。

前摩托罗拉公司战略经理、《基业为何不能长青》的作者柯林斯亲历与目睹了摩托罗拉公司的兴盛和衰败，他也看到过不少过去非常优秀现在却开始败落的公司，经过多年研究，他发现这些公司都有一个共同的特点，那就是狂妄自大、目中无人。摩托罗拉、索尼、惠普这些曾经的世界顶级公司，它们现在的没落都是由狂妄自大的心态造成的。

狂妄自大的人一般自我感觉良好，觉得自己非常强大，世间罕有能将自己打败的对手，这种心态会使他产生一种惰性，因为在他看来，自己没有什么需要改善的，很完美，因此，不思进取、故步自封。可实际上是，没有人是完美的人，每个人身上总多多少少会有些不足，都需要自己不断去完善和改进。即便一些人很强大，也会有一些缺点和弱项存在，倘若不去注意改善，就很有可能被别人利用，酿成不可挽回的结局。

“二战”中的名将麦克阿瑟，就因为过于自负和狂妄，在朝鲜战争中被中国志愿军打得狼狈不堪。开战前，他就对联合国军的士兵们说一定在圣诞节到来前结束朝鲜战争，可结果是他指挥的联合国军自此深陷战争泥潭。西楚霸王项羽是当时最强悍、罕有对手的人，正因如此，他自大狂妄、刚愎自用，结果呢？被他看不起的刘邦给打败了，最后自刎于乌江。

军事家孙子就说过“知己知彼，百战不殆”的话。意思就是，一个人在清楚自己的实力的同时也应该清楚对手的实力，只有如此，他才能在战斗中不断地取得胜利。可一个狂妄自负的人往往是目空一切的，他的眼里只有自己，只看到自己的长处，而看不到别人身上的优势，这样他就很可能低估自己的对手，做出错误的决定，最后付出惨重的代价。

著名社会学家英国人斯宾塞是这样说的："成功的第一个条件是真正的虚心，对自己的一切敝帚自珍的成见，只要看出同真理冲突，都愿意放弃。"这话对于一个创业者尤其如此，只有态度谦卑地看待身边的一切事物，你才有可能在强手如林的竞争环境中突围出去。想要生存下去并成为强者，那就要虚心地向一切对手学习，放低姿态去面对对手。因为谦虚会让人进步，学习他人才能提高自己的实力，而低调行事则能避开因自负招来的麻烦。

实际上做人做事就如同往一个容器里填东西，是不断持续的过程，永远都无法达到完满的状态，你越是谦卑地看待自己和世界，你就越知道只有不断地努力完善自我和提升自己的能力，才能让自己变得强大。

一个人如果想做一番事业，首先就不要在心态上轻视身边的任何一个人，一定要用平等和尊重的眼光来看待他们，哪怕是你最看不上眼的，也一定要把他当成一个强大的人来认真对待。自负历来就是招致失败的毒药，我们越是狂妄，对外在的危机估算就越不足，对信息的掌控就越少，这会导致我们判断失误，从而做出错误的决定。因此，作为一个创业者，要少一些狂妄多一些谦卑，把目光放远一些，做事情要低调，做人要谨小慎微，要经常向前辈和他人请教，尊重任何一个出现在自己身边的人。也只有保持谦卑和低调的姿态，我们才会不断地成长和进步，这样才能在发展的道路上避免不必要的麻烦。

与其打败对手，不如形成独特优势

造就一个优秀的企业，并不是要打败所有的对手，而是形成自身独特的竞争优势，建立自己的团队、机制、文化。我可能再干五年、十年，但最终肯定要离开。离开之前，我会把阿里巴巴、淘宝独特的竞争优势、企业成长机制建立起来，到时候，有没有马云已并不重要。

——马云

一位知名的企业家曾说："一个成熟的企业不会斤斤计较于市场上一时的得失，而会更加注重企业文化的锻造和品牌的宣扬。"这就如同武功修炼到一定境界的武术高手，不会总想着和别人动手，去争霸武林，想争夺天下第一。因为他知道他已经不需要他人来证明自己，而是开始精心打造自己的形象，他要给自己定位，然后去超越自己。换一句话说就是，他需要给自己弄张像样的名片，只要别人一提到这个名字就知道他是个什么样的人。

想要成为一个优秀的企业家，就应该有如此的觉悟。创业不单是和他人竞争，更不是为了把所有的竞争对手都打败，一个好的企业应该看重自己，把其他企业看作参照物，而不是用它们的成就或模式来衡量自己。比他人强不能说明什么，最为关键的是要建立起自己的企业机制、管理制度、企业文化、品牌的影响力、核心竞争力，这些才是做好自己企业的最关键部分，因为这些才是企业的名片。

不少发展势头不错的企业喜欢盲目扩展，喜欢搞兼并，喜欢成为同行业里的巨无霸，喜欢世界第一的感觉。其实这么做只能体现它们缺乏内涵，没有好的企业机制、系统，更别谈什么企业文化理念了。它们的管理肯定有问题，促使它们朝着不良的方向发展，即便它们发展得再大，也将因为没有坚实的生存基础而最终没落。

竞争对任何企业来讲都是无法避免的，可随着企业自身的发展，一个企业必须对自己的发展策略进行调整，只有如此才能扩大自己的影响力和行业优势。企业看到自己的独特优势，这是成熟和进步，更是一种企业战略上良性的变化，知道自我完善的企业应该主动地去做这样的改变。

创业初期，阿里巴巴为了自己的生存也对同行的竞争对手做过不光彩的事情，但最后，马云不得不调整战略为企业开疆辟土，以便和那些一夜之间冒出来的对手抗衡。随着阿里巴巴的不断壮大，马云马上意识到了阿里巴巴所缺乏的东西——属于自己的独特优势，也就是阿里巴巴在同行业中的核心竞争力。如同苹果公司拥有了独特的创新优势那样，马云的阿里巴巴也必须找到自己的独特优势，以此来树立自己的品牌形象。当然，马云心里也清楚，这一优势一定是要建立在整个企业的发展机制之上。

到现在，人们一提到阿里巴巴就会想到它是B2B的典范，这其实就是品牌效应和品牌影响力在起作用，至少说明阿里巴巴在同行业内是十分具有影响力的。

很显然，只有这些还是不够的，到目前为止，从诸多迹象看，阿里巴巴身上依然有很多马云的烙印，那么阿里巴巴脱离马云后是不是能够独立地发展下去，这是个问题，也是一个未知数。因此，马云一定要让阿里巴巴有自己的企业机制与企业文化，他明白，一个企业只有拥有了很具魅力的品牌，它的发展才会持久，这也是阿里巴巴迫切需要的东西。这就如同著名的可口可乐公司，即使换了领导者，它照样能做得出色，依旧是人们熟悉的可口可乐，这才是马云对阿里巴巴的期望。

说“我用望远镜也找不到对手”并不是马云狂妄，他这么说是因为在他自己的内心确实已经没有了需要与之竞争的对手，还因为阿里巴巴在他的领导下击败了 eBay、雅虎、亚马逊等竞争对手，从此在行业里站稳脚跟了。他已经没有对手，只能自己和自己较劲，因为他知道只有做好自己，为阿里巴巴确立好发展的方向与个性，那么即便他离开了阿里巴巴，无论谁去领导阿里巴巴，阿里巴巴都不会轻易在竞争中被潜在的对手打败。

现在的阿里巴巴在很多人看来非常强大，罕有对手，可在马云看来，如今的世界里没有任何人是不可以打败的，今天在竞争中被你打败的人，明天就有可能给你一个意想不到的教训，这是世界的大趋势，没有人能逃过这一循环规律。一个优秀的企业领导者就不应该重蹈这一覆辙，而是应该努力地去打造属于自己的品牌，拥有自己独特的产品和服务，建立起有特色的企业文化和价值观，在竞争中建立优势，只有这样才会永远立于不败之地。一个企业只有具备了文化内涵，才会永远拥有生命力，才会永久地存活下去、发展下去。

事实是，在这个世界上，那些伟大的企业在行业竞争中从来就没有真正打败过自己的对手，也不敢认为自己能将所有的竞争对手全部踩在脚下。它们会更加看重建立和拥有自己的品牌优势，因为只有如此，它们才能获得长远发展的机会。多数时候，当人们一想到这些企业，就会想起它们的企业文化，提到它们的品牌和产品，就会从内心认为它们是值得信赖的企业，它们的产品是让人放心的好产品。

劳斯莱斯作为汽车行业里的一个老品牌，与其他品牌的汽车相比较，它的营业额和年利润少得可怜，如果单从这点去看，它是无法和其他汽车品牌相抗衡的。可劳斯莱斯这个品牌代表了尊贵的地位和无与伦比的气质，意味着它就是汽车中的豪门贵族。对消费者来说，它体现了一种超然的尊贵，具有象征意味，每个消费者都愿意拥有。这就是劳斯莱斯的独特优势和魅力所在，这也是劳斯莱斯经过一百年积淀下来的文化内涵，无论它如何发展，都会是消费者的心头爱。

因此，在创业的时候，我们的目光不能总是盯着别人，总拿别人的成功做参考比对，这样做会很容易迷失自我。我们应该做的是努力地去打造属于自己的品牌，一定要让自己的企业具有独特的魅力与内涵，只有如此，我们创办的企业才会长久地发展下去。

用与众不同来取胜

一个项目，一个想法，如果不够独特的话，很难吸引别人。

——马云

当下成功人士格外受人关注。什么是成功人士？大概可以分为两种：其一，当许多人同做某件事情时，只有他做成了，或率先成功；其二，当大家都选择做某件事情时，他与众不同地做了另一件事情，而且成功了。前面一种属于物以稀为贵，既需要实力，又需要超群的能力，当然也有点运气的成分在里面；而后一种情形，显然体现了一种巧劲，是以与众不同的方式取胜。

成功的方式各有千秋，如何成功？要根据自己的实际情况选择适合自己的方式。有些事情做起来可能对天赋的要求挺高，如果这方面欠缺，就不要钻牛角尖，不要硬碰硬，这时可以避开自己的短处，另寻出路，而且，出奇制胜往往能收到事半功倍的效果。许多创意产品就是在思路上敢于出新，敢于打破传统思维模式，别人想不到的，我敢想，别人不敢干的，我敢试试身手，这一试，或许就成功了。失败了都不要紧，失败是成功之母，吃一堑长一智，重新规划再出新招，有益无害。

逆向思维，反其道而行之，这或许是与众不同的途径。一个卖梳子的，绝不会想到去庙里做推销，但却有人打起庙里的主意，他认为虽然没有头发可供梳理，但梳子可以梳掉三千烦恼丝，这个说法让他的梳子在庙里畅销一时。再比如很多人觉得非洲人不穿鞋，也不需要鞋，因而没有人在那里建造制鞋厂，也没有人向那里做推销。但有一家聪明的制鞋公司就觉得自己发现了商机，在他们看来，没有人在这里做鞋的生意，正说明这里鞋的市场很大，而事实证明他们的判断是正确的。还有就是对于表的观念，在人们的观念中机械表一直占据主导地位，瑞典一家企业则另辟蹊径，他们发现了电子产品的实用性，便研发电子表，这种表更实用，也更便捷，结果，电子表受到欢迎，还走向了国际市场。

与众不同就是要有创新意识，当然，有人觉得这很冒险，也有人认为好笑。这些想法也是情有可原，因为在没有看到结果时，创新毕竟还是个谜团，毕竟与传统不同，传统的思维模式毕竟是根深蒂固的，想打破，谈何容易。可是，要发展就要创新，抢占市场，也需要创新，商机往往蕴含在创新中。市场需要竞争，竞争还很激烈，而勇于开拓新路，表面上看似避开了竞争对手的锋芒，不去剑拔弩张，实际上是另一种成功，是兵不血刃的成功，这样赢得的市场份额往往更大，这里也有最大的商机。这里实际上也有个最简单的道理，就是当大家都在做某件事情的时候，属于我们的机遇实际上已经很小了，况且我们不一定比别人做得更好，这时倒不如另谋出路，别出心裁，引领新的潮流。

历史的发展、科学技术的发展、生产方式的发展，都证明了因循守旧是前进中的障碍物。几千年的人类文明史告诉我们，如果人类满足于眼前的生活方式，满足于眼前的生产方式，那人类的文明就不会进步，社会就不会前进。我们今天所享受到的先进的生产和生活方式，都是人类在不断创新、不断探索中取得的。

马云在互联网领域的成功，就取决于他的与众不同。当互联网还没有被广泛认可时，马云就瞄准了这个领域的商机；当绝大多数电子商务公司纷纷服务于全世界最有名的跨国公司，而中小企业却无人问津时，马云想到了它们；当人们为从别人手中套利而想尽一切招数时，马云却在淘宝上推出三年的免费服务举措；当阿里巴巴上市被屡次提上议程时，马云却屡次推迟。

马云所走的每一步似乎都是险棋，但结果证明每一步都走对了，而且走得有创意，最终避开了风险，还开拓了新天地，使企业的市场更宽广，份额更多，更聚人气。所以，这每一步都是一个创新，阿里巴巴就是在不断创新中成长壮大的。一个企业的领导者必须具有与众不同的思维方式，要想在员工之前，要想在众人之前，要想在当下之前。马云说一个优秀的领导者、一个CEO是孤独的，这个孤独实际上说的就是要与众不同，做事要不同凡响，他的一举一动都给大家带来惊喜，带来意想不到的收获。

创新就是要有别于人，如果你只是用心做某事，专心致志于某件事，态度是好的，但只有这些还不够，因为也许大家都在认真、专心致志，你只是这样随大流，就不会做出自己的特色，就不会取得骄人的业绩，你虽然付出很多，但仍然被众人淹没。马云认为，无论做什么，都要做出自己的特色，尤其是小企业、小公司一定要走出自己的特色之路，不能跟着别人亦步亦趋。的确，与大企业相比，中小企业各方面显然不占优势，要想干出点名堂，就要在特色上下功夫，做出强大对手所没有的东西，让强大对手看了也敬畏三分。

所谓“人无我有，人有我优”讲的也是创新的道理，要干出特色，干出新意，这样就为自己找出新的出路，有了新的发展空间，有了竞争优势，在市场上就能立于不败之地。在资源配置基本一致的情况下，在技术和管理基本一致的情况下，竞争的焦点就集中在了点子上，集中在出新上，因为大家的技术、管理和资源都在同一起跑线上。这样旗鼓相当的企业尚且存在竞争的难题，小企业要想胜出，就更要在创新上下功夫了。在激烈的市场竞争中，许多小企业之所以能顽强生存，甚至在某些方面让大企业也望尘莫及，就在于它们扬长避短的发展思路。所谓扬长避短，就是避开资源技术规模等方面的弱势，而在出奇出新上开拓思路，我虽然弱小，许多方面不占优势，但我可以出新招，在这方面是不论大小优劣的。正所谓尺有所短、寸有所长，弱势一方同样能四两拨千斤，战胜强大对手。

不挖对手的墙脚

从竞争对手那边挖过来的人，如果他说出原来公司的秘密，他就对自己的旧主“不忠”；如果他不说，他就对现在的新公司“不孝”；

即使不让他说原来公司的秘密，他工作中也会无意识地用到，这样他就“不义”了。“挖人”不符合阿里巴巴的价值观，我们不希望挖过来的人变成“不忠、不孝、不义”的人。

——马云

企业经营和发展总是需要人才，人才优势，成为企业发展的重要标志，也昭示着企业的发展前景。企业的竞争，实际上也就成了人才的竞争，有的企业为了得到自己所需的人才，便做起“挖墙脚”的事情来，以致这种行径成了一种很普遍的现象。为了达到挖的目的，有的企业甚至不惜花费重金。

对这种现象，马云是很不屑的，他鄙视这种现象，用他的话说就是：“我们绝对不会这么做。我们不但绝对不允许自己的公司挖竞争对手的人，而且也不允许我们的猎头挖；同时也强烈鄙视、排斥和谴责竞争对手挖我们的人。”

阿里巴巴在价值观上一直遵守着“不挖人”的原则。马云曾在《赢在中国》当评委，那时他就对选手有过谆谆告诫：“一个建议就是关于跨行业之间的竞争，你的员工跑，最好是用行业规章条文进行规定，最重要的是让你的员工和干部要懂得职业操守，让他们真正懂得什么叫职业操守。现在很多企业，很多人愿意跳到竞争对手那儿，我自己不愿意聘用一个经常在竞争者之间跳跃的人，或者从竞争对手那儿跑我这里来的人。”

在这一原则问题上，马云是身体力行的。在一次阿里巴巴的招聘会上，一位应聘者受到他的赏识，他说："我觉得他真聪明，很伟大，我们都决定要他。结果走的时候他讲了一句话：'我真喜欢你们公司，我会把我手头所有的客户都带到你们公司来。'我说 Sorry，我们要的是你这个人，不是你的客户，人在可以建立新的客户。如果你把手头的客户都拉到我这里来，不够规范，不够职业化，我绝对不要这样的人。"

马云自己不挖别人的墙脚，同时也告诫自己的员工不允许被别人挖走。对挖墙脚这件事马云持如此强硬的态度，这是事出有因的。那是 2005 年，马云正沉浸在"雅巴联姻"的成功喜悦中，猎头公司的挖人电话就频频指向雅虎中国的员工。马云感觉"好像全世界的猎头公司这几天都出现在这个公司"。在猎头电话的狂轰滥炸下，马云还是稳住了自己的团队。但这件事使马云对挖人和被挖都非常反感，他都持反对态度。

对挖墙脚这个问题，史玉柱的观点与马云一致。他对此也有着切身的感受，他说："早期，当我的员工被人挖走的时候，我都是极力挽留，但从后来效果看，我挽留的人最后一个都没有留下来。当然，员工找你辞职，你应该深思两点：首先，我有没有问题？我的企业有没有问题？有问题马上修正改进。其次，搞清他要走的原因。他为什么走？我能为他做什么？但重点不是为了挽留他。"

挖墙脚似乎能得到一些好处，但权衡利弊会发现，好处可能是暂时的，它的弊端也在不断显现出来。虽然解决了优秀人才缺失的问题，但因为内部环境陌生，人事基础缺乏，挖来的人才对于许多事情还需要时间去适应；作为管理方，对挖来的人才也并非完全了解，特别是依赖挖来的人才，这本身就是对内部员工的一个打击，甚至是伤害。经过这样的权衡，人们不难发现挖墙脚并不会得到多大的好处。

从另一个角度讲，既然你能挖来一个人，这个人也同样会流失，再被比你有能力的人挖走。你能挖别人，同样别人也会挖你，大家都是双向的。自己不希望被别人挖，那么我们也不要去挖别人。挖墙脚绝不是长远之计，而只是短视的、短期的，解决人才的根本问题还是要在管理上下功夫。

在企业发展进程中，遭遇发展的难题，甚至举步维艰是避免不了的，这时怎样走出困境，是困扰管理者的一个难题。许多老板此时就会想到“空降兵”，就把希望都寄托在他们身上。然而“空降兵”因为对新单位不熟悉，一切照原来的路数，遇到问题就推给客观条件。因为把希望都寄托在“空降兵”身上，有问题，老板也不敢质疑，一切都听从“空降兵”的。这样一来，原有的员工不免离心离德，“空降兵”也是一筹莫展，老板最终大失所望。

当然，并非所有的老板都将企业的发展寄托在“空降兵”身上，对这个问题，史玉柱有着独到的见解，他这样认为：“这么多年我自己最深刻的体会就是团队要自己培养。我觉得一棵参天大树，必须有深扎在地下的根，这种树是最不怕大风的。我过去也不赞同‘空降部队’，但不是像现在这样坚决，现在除了像CFO这种特别专业的人才外，我会尽量使用自己公司内部培养起来的员工。用‘空降部队’成功的概率很低。但用自己人，在一个小的天地里容易低估自己，老是想外面的人很牛，实际上那个人还不如自己。”

许多被挖来的人才，其实他们是抱着个人的目的而来，你挖来了他，他却在暗中打着你的主意，真是道高一尺魔高一丈。有专业服务公司引进了一个“空降兵”，他是管理学博士，曾在华为电气任职。公司老板本来对他寄予厚望，但“空降兵”却打着自己的小算盘，他的目的就是以非常手段获取公司以往项目的资料，准备自己出去创业。事情果然在半年后发生了，他不仅获取了大量资料，还带走了一名骨干员工和 3 个客户，公司所遭受的损失可想而知。

当然，挖人与被挖，问题的表现是多方面、多种形式的，性质也有所不同。涉及职业操守的问题，在“空降兵”那里还算是少数，更多的问题还是表现在利益上，比如“空降兵”自视太高，常常将自己凌驾于公司之上，很少从企业的整体利益去考虑问题，往往是把眼光放在金钱上，事事以金钱为标准，给多少钱办多少事，给钱少就少办事或不办事。

挖墙脚成为一股风潮，有些人自然是从中尝到了甜头，这一点是毫无疑问的。“空降兵”到来后，没有任何包袱，一张白纸，没有这样那样的矛盾和历史渊源，不仅没有紧张的空气，而且因为是新人，还会带来一股新的风气、新鲜的空气。但要注意，这种甜头往往是暂时的，不利的方面前面也讲过了，就是新人对企业内部环境陌生，缺乏人事基础，他们还需要时间适应新环境；另一方面，企业对新人也缺乏深入的了解，更难知道他们来的目的是什么。因为不了解新人的目的，很有可能出现一种怪圈，你能挖人，别人也能挖你，今天你能挖来人，明天他也能一走了之。大家互相挖人，彼此都成敌人，狭路相逢，都恨不得置对方于死地，这样的结果只能是两败俱伤，得不偿失。所以说，只有大家都友善相待，彼此都不去挖别人墙脚，构建和谐的创业和经营环境，才是企业良性发展的方向，这样的方向才值得我们去追求。

以退为进，锋芒毕露不如暗涌于江湖

一定要争得你死我活的商战是最愚蠢的。

——马云

在激烈的市场竞争中，总会有得有失，胜败是常事，当实力处于弱势时，不妨避开竞争对手的锋芒，急流勇退，在市场竞争中掌握主动权。

阿里巴巴在1999年刚刚成立时，正值互联网的大潮来临，造势情绪一浪高过一浪。据当时对全国340家主要电视台和360家报社的广告监测统计报告显示，从1999年到2000年，中国互联网在这两类媒体的广告中共投入了1.5亿多元。新浪网和中华网在1999年底和2000年初两个季度的电视投放分别拔得头筹，而购物网站8848的报刊投放额竟占所有业内网站在全国报刊投放总额的11%，高居全国之首。互联网还进军户外灯箱广告，当年在北京、上海和广州，中国人、搜狐、e龙网、易趣、新浪已成为户外灯箱广告中“出镜率”最高的网站。

就是在这场轰轰烈烈的互联网风潮中，在互联网的无限风光中，阿里巴巴不显山不露水不张扬，安安静静地独守着自己的一方净土，与沸腾的互联网热潮显得有些不大协调。

那么，阿里巴巴当时在做什么呢？马云说：“我们在闭门造车。1999年回到杭州以后，我们自己商量决定，6个月之内不主动对外宣传，一心一意把网站做好。”本来在常人眼里，马云就是个行为有些怪异的人，这时的举动更让人匪夷所思。

其实，马云并不怪异，他此时是以静制动，以逸待劳，他洞悉媒体和大众的心理反应，决定以沉默反其道而行之，而这正激发了媒体的好奇心，媒体因此更想一探究竟，这样沉默的阿里巴巴反倒引起了关注。从这个角度看，马云不仅是一位眼光独特的商人，还是一位“心理学家”。

杭州一家媒体在1999年5月刊发报道，标题就是《想做全球贸易，阿里巴巴拒访》。阿里巴巴的姿态不仅没有规避风潮，却让更多的媒体产生了兴趣。而这正是阿里巴巴的策略，是欲擒故纵的高招。表面看没有迈出步子，其实是迈了一大步。

阿里巴巴的葫芦里到底卖的是什么药？不仅国内媒体，就连外媒也表现出极大的兴趣，国际媒体《商业周刊》的记者就率先来到杭州。记者在杭州一个居民区看到了阿里巴巴的工作场景，也见到了马云，眼前的情景让记者吃惊，他这样描述道：“面积不大的住宅里挤着20多个员工，地上到处都是铺开的床单，空气里还有鞋子的味道。”

应该感谢《商业周刊》的记者，是他将马云和他的阿里巴巴介绍出去，并且在欧美逐渐有了名气，来自国外的点击率和会员与日俱增。马云就是这样，在不事张扬中守株待兔，竟成了许多国内媒体乃至国际媒体的报道对象。

在生活中和生意场上，竞争是难免的，对抗更是常态，没有竞争，没有对抗，生产和生活将会停滞不前，甚至倒退。正像古语所说，世事如棋。生活和生意都如同下一盘棋，棋手都想赢，而移动每一枚棋子，都要用心揣摩，知己知彼。棋盘上要敢于拼杀，但莽撞地一往无前，不是陷入对方布下的陷阱，就是出师未捷身先死，高明的棋手常会以退为进，表面看似示弱，一副甘拜下风的样子，实则创造主动的条件，待时机成熟就直捣黄龙。

刘邦的成功就是一例。他接受项羽所封，退守汉中，一副听从命令服从指挥的架势。但这只是表象，是刘邦以退为进的谋略。当实力壮大，条件成熟，他就异军突起，“明修栈道，暗度陈仓”，最后击败对手。

就像高明的棋手，在棋盘上进退自如，聪明的人更懂得以退为进的道理，尤其是当自己处于弱势地位时，更会主动避开对手的锋芒，退避三舍。但退避不是一蹶不振，而是暗中使劲，磨砺自己，积聚能量，一旦时机成熟，就奋起直追。今天的让步是为着明天的进步，今天的退让，是为着明天的争先。这也需要有宽广的胸襟，要能忍让，要有气度。

再说个案例。在日本东京，有个日本商人经营中国菜，生意很好。但不久他就发现对面出现了一家中国餐馆，三个中国留学生开的，虽然是个小门面，但因为菜正宗，做得自然地道，日本商人的生意受到影响。虽然餐馆经理很着急，但老板却很淡定，他让餐馆经理每天去对面餐馆买一份中国菜，他要研究中国菜的做法。一个月过去了，对面餐馆的中国菜也都买齐了，然后他们在报纸上为这些中国菜大做广告，而且每款菜的价格都高出 3 倍。这明摆着是为对面的餐馆做广告，经理很不解，而日本商人却有意要让对面的餐馆迅速致富。

果然，对面餐馆生意更加火爆，一年后就从过去的一间门面扩大到经营整个二层楼。三个留学生也都买了车，也不再事必躬亲，生意虽然兴隆了，但问题也出现了，从前密切合作的学生，如今经常为分钱而争吵。而此时日本商人觉得时机到了，也突然经营起和对面餐馆同样品种的中国菜，而且价格比对方便宜三分之一。日本老板仅仅用时不到半年，就将对手击败，还进行了收购。

日本商人很会选择时机，当初他发现三个中国留学生很团结，合作很好，那时如果与之竞争显然条件还不成熟，于是他选择让对手先致富，先发展，等到他们内部发生分歧了，那时再发起进攻，这样就有取胜的把握。

日本商人可谓很讲谋略，在市场打拼上很有一套，他有着极大的耐心，并不急于求成，而是后发制人。我们从反面也能看出，一些企业在创业之初，大家能共渡难关，但局面打开后，企业发展壮大后，却不能同心同德，企业看着很气派，规模不小，一派做大做强的风度，但实则很脆弱，已经经不起竞争的压力了，当新的市场竞争出现，就不免败下阵来。

当条件不成熟时，非得去硬拼，和对手拼个鱼死网破，说好听点是两败俱伤，说不好听点，就是一种自杀，将自己的前程都断送掉。所以，聪明的人总会审时度势，形势对自己不利时，就暂时偃旗息鼓，退一步不是什么丢人的事，退一步，是为着有朝一日进两步，此路不通，我另找出路。“山重水复疑无路，柳暗花明又一村”，讲的就是这个道理。

英国友尼利福公司的经理柯尔也有着以退为进的经营理念，在这个理念指导下，他的公司发展迅猛，隶属于它的友那蒂特非洲子公司设在非洲的东海岸地区，那里有着丰富的肥料，很适合栽种落花生，这是食用油的原料。这里是公司的主要财源之一。可是在“二战”后，这些肥沃的土地逐渐被非洲国家所没收，公司因此出现了危机。

针对这种情况，柯尔及时调整方略，他首先针对非洲各地的所有友那蒂特公司系统的首席经理人员进行调整，迅速起用非洲人；第二，黑人与白人实行同工同酬，取消工资差异；第三，培养非洲籍干部；第四，采取互相受益的政策，不可拘束于体面问题，应以创造最大利益为要务，逐步寻求生存之道。

柯尔在与加纳政府的交涉中，将公司的栽培地提供给对方，以示尊重。这些举动也确实感动了加纳政府，为了表示感谢，加纳政府将友尼利福公司指定为加纳政府食用油原料买卖的代理人，这样一来，柯尔便获得了在加纳的独占专利权。

而在与几内亚政府交涉时，柯尔采取主动撤出的举措，结果却以这种坦诚的态度感动了几内亚政府，他的公司被几内亚政府允许留下。与其他几个国家的交涉，柯尔也采取主动退让的政策。正是柯尔的这种政策，让他的公司平安地度过了危机。

我们从以上的例子不难看出，退让看似被动之举，甚至是一种无奈之举，但实际上它也是一种策略。当危机来临，如果一味地针锋相对，剑拔弩张，很可能让局势更糟糕，更不利于自己，这时倒不如主动退一步。当然，这个过程要把握好分寸，知彼知己，把握对方的脉络，正确估量自己和对方的实力，让自己变被动为主动，主动权一旦掌握，就能反败为胜。

实际上，退一步，有时也是不得已而为之，这甚至要付出忍辱负重的代价，比如勾践卧薪尝胆，韩信经受胯下之辱，等等，都是在牺牲一定的条件下做出的。但要看到，这毕竟是暂时的，勾践和韩信正是能忍一时之辱，才成就了大事，才最终打败了对手，也自然一雪前耻。

第八章

倒立：

学会倒过来看，永远不做大多数

倒立起来看世界，发现不一样的天地

为什么要倒立？就是因为太多人跟我说“不可能”。淘宝的每个店小二（淘宝的员工都是店小二）都会倒立，我还能单手倒立，我们还能倒立着叠罗汉。

——马云

很多人都戏称马云是个外星人，而马云自己也的确总是出怪招，他有一个绝活——单手倒立，他可以只用一只手倒立几分钟，并且面不改色。当然，这不仅仅是一个简单的绝活，马云还从中悟出了很多道理，他说：“当你倒立时，世界会变得不一样。”他还因此多了句口头禅：倒立看世界，一切皆有可能。于是，马云要求公司里的全体员工都要学会倒立。

马云小时候的偶像是日本电视剧《排球女将》的女主角小鹿纯子，马云从她身上学到的经验就是遇到难事时就倒立，在他看来，倒立有着一种化险为夷、转危为安的神奇力量。

“非典”时期，阿里巴巴面临困境，马云正在一筹莫展之时，偶然看到了一幅画，画上有很多条鱼，都在往同一个方向游，只有一条是往反方向游，画的名字叫“换个方向，你就是第一”。马云恍然大悟：只要换一个方向，换一种思路，另辟蹊径，或许就能够成功。于是，他创办了淘宝网，并且用与众不同的思路打败了对手 eBay，突破了困境。

换一个方向，换一种思路，其实就是马云所说的“倒立看世界”，它蕴含着创新精神。

马云将倒立作为阿里巴巴企业文化中的一个重要部分，他始终特立独行，一次又一次地打破常规，在竞争中总是不按常理出牌，把对手搞得眼花缭乱。他坚持不做大多数，而是走别人意想不到的那条路，“如果一个方案有90%的人都说好的话，我一定要把它扔到垃圾桶里去。因为这么多人说好的方案必然有很多人已经在做了，机会肯定不属于我们。”

事实上，马云走的每一步棋，几乎都是令人难以捉摸的。他没有去凑门户网站的热闹，而是选择了在国外市场上惨败的 B2B 模式；他没有把大企业作为目标客户群体，而是紧紧抓住了中小企业这一广阔市场；他没有漫天撒广告为自己造势，而是举办了“西湖论剑”活动，邀请国际知名人士参加，其中甚至还有美国前总统克林顿；他没有在“寒冬”到来时但求自保，而是先帮助客户们“过冬”。

“倒立”让阿里巴巴具备了核心竞争力，马云总是能够开辟出只属于自己的广阔天地，然后毫无阻碍地畅游其中。随着阿里巴巴的成功，马云也以其独特的商业思维成为最具反常规精神的企业家。

生活中到处都隐藏着看似不可能的可能性，只要学会马云的“倒立思维”，就会豁然开朗，发现更加广阔的世界，不会在唯一的思路上钻牛角尖。或许我们需要的仅仅是一个小小的转变，就如同“哈桑借据法则”。哈桑曾经借给一位商人 2000 元，并且留下了借据。然而，还款期限将至，哈桑却突然发现借据找不到了，他非常着急，因为他知道，没有了借据，那个商人就很可能会赖账。哈桑的朋友纳斯列金得知此事后对他说：“你给这个商人写封信，通知他还款的期限快到了，请尽快准备好 2500 元。”哈桑听了很疑惑：“借据找不到了，连 2000 元都有可能要不回来，为什么还要他准备 2500 元呢？”哈桑想不通，但还是照办了。没过多久，哈桑收到了商人的回信：“我找你借的是 2000 元，不是 2500 元，肯定会按时还给你。”

换一种思路，的确就如马云所说，能够化险为夷、转危为安，这种茅塞顿开的感觉，只有当你“倒立”起来时，才能感受得到。

有一次，美洲草原上失火了，大火借着风势呼啸而过，所到之处，草木转眼间化为灰烬。那天刚好有一群游客正在草原上玩，看到大火扑来，游客们都惊慌失措。幸好他们此前请了一位老猎人当向导，老猎人镇定地对大家说：“都不要慌，按我说的做。”老猎人让大家把面前的一片干草全部拔光，清理出一块空地，然后把大家都集合到空地的一边，自己则站到靠近大火的一边。只见大火越来越近，情况非常危险，然而老猎人却胸有成竹地点燃脚下的草，一道火墙瞬间在老猎人身边拔地而起，同时向着三个方向蔓延开去。令人惊讶的是，这道火墙并没有借着风势烧过来，而是迎着对面的大火烧了过去，当两边的大火烧到一起时，火势突然减弱，最后逐渐熄灭了。

脱离险境后的游客们纷纷向老猎人请教这一奇观的原理，老猎人回答道："草原着火时，风势虽然向着我们这边，但靠近火的地方，气流还是会吹向火焰。我抓准时机放火就是为了让这把火借着气流迎头而上。这把火把附近的草木烧光，对面的火过来时就没有东西可烧了。"

面对大火，有些人仓皇而逃，然而人的速度终究比不过大火的速度，最终只会牺牲了自己；而懂得"倒立"思维的人却临危不乱，用对策化解危险，甚至无须花费多少力气。事实上，我们大部分人都属于前者，惯常的思维使得我们下意识地选择那条容易陷入被动的路。其实，当我们遇到困难时，"倒立"思维总是可以帮我们找到出路，因此，最后"活"下来的，总是为数不多的一些人。

彼德·诺顿也是这样一个通过"倒立"思维获得成功的人。他曾经发明了一套被称为"恢复删除"的软件，这套软件蕴含了逆向思维的精髓，它的目的是将电脑中意外删除的文件恢复回来。电脑使用者经常会苦恼于不小心删错了文件，很多人都试图找回被误删的文件，却只是徒劳。诺顿换了个角度思考问题，把看似不可能的事情变成了可能。他以3亿美元出售了这套软件，得到了一大笔财富。

“倒立思维”不仅仅是一种思考问题的方法，更是一种生活习惯，一旦养成了这种习惯，你的事业和人际关系都会从中获益匪浅。你会发现，倒立起来看世界，所有看似不可能的都变成了可能，只要常常“倒立”，一切皆有可能。

不迷信成功学，学习他人失败经验

你要少听成功专家的讲话，所有的创业者都应该多花点时间，去学习别人是怎么失败的，因为成功的原因有千千万万，失败的原因就一两点。所以我的建议就是，少听成功学讲座，真正的成功学是用心感受的。有一天如果你成了成功者，你讲任何话都是对的。刚才讲到精英团队，精英不会跟着你吃肉，跟着你吃肉的未必是精英，记住这一点。

我不是否定成功学，但是任何东西都要有度。你给我的感觉就是成功学大师在讲课，两招使过以后，别人就觉得有点虚。真是这么回事，我们公司员工也有人去听过成功学课程，听一两次可以，听四五次，这人就被废了。

——马云

对于很多创业者来说，那些教人如何成功的书籍和讲座是他们创业时必修的学业，但马云并不这样看，他劝告那些创业者不要听成功学专家的话，因为在他看来，成功的东西是无法被再次复制的，但失败的经验却可以被汲取。成功学这类把戏可以被当作创业者人生的励志课，但它不会是创业战略的支撑性的东西。

马云在早年创业时的经历可谓是一波三折，1995 年他辞职从一个老师转身为创办中国黄页的老板，那些日子里，马云几乎每天都要外出去推销他的网络黄页，说服那些对于互联网还不熟悉的企业老板，将他们的企业资料放到他创办的中国黄页上去。可很多人不知道互联网是什么，因此很少有人相信他，以为他是个骗子。

就在中国黄页被马云运作得稍有起色时，一下子出现了很多的竞争对手，其中最大的对手就是杭州电信。像马云这样的私营企业当然不是正牌企业杭州电信的对手了，这真是一场实力悬殊的较量，在业务的选择上很显然许多客户更容易选杭州电信而不是马云的中国黄页。马云为了让自己的中国黄页生存下去，选择了和杭州电信合作。因为马云当时最大的目标是打造一个中国雅虎那样的公司，可杭州电信过于急功近利让马云已经制定好的一系列品牌培育策略流产了。因此，双方合作的裂痕越来越深，不到几个月合作失败。

1997 年，由于道不同，马云不得不离开与杭州电信重组后的“中国黄页”，带着 5 个志同道合的年轻人去了北京的外经贸部，在外经贸部旗下的中国国际电子商务中心（EDI）担任信息部总经理。他和同伴在一个租来的不到 20 平方米的小房间里，没日没夜地工作，帮着外经贸部做了网站，这个网站是中国政府第一个部级单位的网站。接着他又建了富通、中国商品交易市场等网站。

在政府机构体制内做事不久，马云感到自己受到了很多限制，他的很多想法不能很好地实施，而且很多东西都是莫名其妙说不清道不明的。马云一下就陷入了进退两难的境地。留守北京等待机会，还是另谋出路？当然他的机遇到处都是，例如，雅虎和新浪希望他加盟，可马云觉得在北京静不下心来，于是他下定决心回杭州东山再起。

那天晚上马云召集自己的团队商量，随后宣布了自己的决定。马云说：“我给你们三个选择权：第一，你们去雅虎，我推荐，雅虎一定会录取你们的，而且工资会很高；第二，去新浪、搜狐，我推荐，工资也会很高；第三，跟我回家，只能分 800 块钱，你们住的地方离我 5 分钟以内，你们自己租房子，不能打出租车，而且必须在我家里上班。你们自己做决定。”所有团队成员都对他说：“马云，我们一起回家吧。”

这是让马云最为感动的一刻，自此他下定决心对自己说，这些朋友都在我落难时没有离开，我一定不能对不起这些不离开我的朋友。我要和他们一起从头开始，建一个强大的公司。

这一年是 1999 年，算得上是马云第二次败走麦城。

可马云并没有因为失败而陷入沮丧之中，因为这些失败让他领悟了很多之前并不懂得的道理。

中国黄页的失败，让他懂得了，如果想在互联网挣钱，那么最重要的就是必须务实；北京之行让他学会了判断国家宏观经济发展方向。

也正是这两次刻骨的失败，让他下定决心和“十八罗汉”创立阿里巴巴，并因此声名鹊起。

2005年，东莞网商论坛会上，马云在他的《敢于犯错误才能更成功》演讲里这样说：“我并不觉得我丢脸，因为谁都会犯错，犯错误并不耻辱，不承认自己犯错误才是一种耻辱。今天阿里巴巴敢继续走下去，是因为我们犯了这么多错误，这是我们最大的财富。永远不要把常胜将军放在最关键的位置上，在座的所有老板记住，把那些失败的人放到重要的位置上，因为经历过失败的人，才知道什么是成功。常胜将军没有，常胜将军死得很惨。我查了马姓最大的官，是马谡，被诸葛亮给杀了。所以人只有犯过错误才可以成功。”

敢于承担风险是一个成功企业家非常重要的特质之一。当然，在计划范围内承担风险和盲目挑战存在的风险是两个完全不同的概念。

从来就是这样，每个企业都有自己特定的环境，因此，不是任何成功范例的经验都能适合另一个企业。盲目效仿只能让自己的企业陷入迷途，因此，一个创业者绝对要有自己的切合实际的理念。这就如同100个人同时进入迷宫，都以为自己能找到出口一样，都担负着迷路的危险，都得承担风险，但只有少数人能战胜困难，最后找到出口，到达自己的目的地。

崇拜成功者是人的天性，通常情况下，人们常常会在这个成功者身上寻找他成功的经验，用来学习。可这个成功者的经验会对我们每一个人都有用吗？这才是问题的关键。我们每一个人都有自己的特殊之处，就像每一个人的指纹都不一样。因此，单单抛开自己的特性而盲目学习成功经验是不对的。

成功和企业策略经验有一定的关系，然而，真正决定成功的因素除了策略经验，还有运气、机遇、各种努力。一味地去学习成功经验就如同参考中奖号码去投注一样，侥幸成分居多。

美国有一本非常专业的杂志叫作《失败》，美国军方也将失败作为专门的学科进行研究，他们对“二战”以来的所有失败的战争案例投入了极大的精力，科索沃战争之后，他们就出版了《科索沃战争内幕和教训》一书；在美军打击阿富汗塔利班前，军方就事先对苏军当年陷入阿富汗的泥潭做过专门的分析和研究，并想从中找出应对之策；伊拉克战争一结束，军方马上总结其中的不足，并撰写伊战的研究报告。在日本，政府有一个机构叫科技厅，为了总结失败的教训，他们设立了新机构“活用失败知识研究会”，吸收了科技、法律、心理学以及企业质量管理等领域的专家、学者，专门从事“失败学”的研究，他们将在科技领域里发生的事故搜集起来作为“知识资源”，并制作出数据库，想从中得到有益于自己的经验。俄罗斯和瑞典等国还创建了失败学的纪念馆。这些国家机构都是想以“失败学”显著的实效性和指导性来给自己的国家减少损失和降低风险。

日本失败学会会长、美国全球竞争力研究院外国研究员、东京大学名誉教授火田村洋太郎说：“认识、实践、再认识、再实践是个必然过程，人们在挑战未知领域时，因为现有知识的局限，常常会遭遇挫折，但只要认真对失败加以总结，失败就会成为通往成功的里程碑。只要我们汲取了教训，就可以避免重犯错误。只有不断地普及与活用失败的知识，在以后的行动中就会免于失败，至少会让我们少走弯路。”

借别人的“脑袋”，让外行来领导内行

外行是可以领导内行的，关键是要尊重内行，这个是我总结出来的很重要的一点。第二点，你可以把最优秀的人先请来。比方说你不懂技术，你可以把最优秀的技术人员请来；你不懂财务，可以把最好的财务官请来；你不懂管理，可以把最好的管理者请来。因为我不懂，我永远跟他吵不起架来，他搞技术，当然我尊重他……只要你有一种胸怀、眼光，你就可以做到这些，所以我说我们永远吵不了架，技术人员不会跟我吵架。

——马云

创业者很容易犯一个毛病，那就是对团队里的其他人不放心，总觉得别人做不好，非要亲自来做，或是在旁边紧紧盯着，指挥这指挥那，结果把自己弄得特别累，而且因为管得太多，导致每件事都做不精、做不好，最终可能把原本简单的事情搞得一团糟。事实上，一个

真正聪明的领导者，应该学会借用别人的智慧。

2000年10月，阿里巴巴和国内其他互联网公司一样，经历了最痛苦的时期。投资方向他们施加压力，一再要求盈利；媒体群起而攻之，对他们进行了严厉的批评；网站的会员们也抱怨不断，投诉信接踵而至。面对如此严峻的状况，马云不愿坐以待毙，他把公司高层聚集到一起，没日没夜地分析探讨解决方案。

来自硅谷的吴炯不愧是IT精英，他在雅虎工作多年，积累了丰富的经验，对技术和市场有着独到的见解和非凡的洞察力。他向马云提议说："我们应该停下来，把技术平台完善，让系统稳定下来。"当时，阿里巴巴的一些会员都反映网站的系统运行非常不稳定，当访问量突然上升时，就会出现拥堵和死机的情况，这也给很多新用户留下了不好的印象。对于这种状况，用户们一忍再忍，终于忍不住了，就开始爆发各种不满。时间长了，阿里巴巴的访问量就下降了，还失去了一部分用户。

吴炯认为，阿里巴巴在全球范围内的扩张的确换来了大量资金，但倘若技术平台跟不上扩张的速度，总是出问题的话，那么必然会导致极其恶劣的后果。"不能再这样下去，阿里巴巴要成为一个优秀的企业，就像Oracle、微软这样的企业，技术平台就必须彻底改写，从底层数据库的改变、从平面结构的改变开始。"

马云虽然对IT技术一窍不通，但他非常善于听取行家的建议。"我不懂技术，但我尊重技术，尊重懂技术的人。"很快，马云就下令停止所有正在研发的新项目，把技术力量都集中在修复网站平台、完善系统功能上。

最终，阿里巴巴建立起了强大又独特的技术平台，为日后的赢利打下了深厚的基础。当同行们都在艰难挣扎、苦苦支撑之时，阿里巴巴却几乎每个月都能推出新产品。用马云自己的话说就是："外面很冷，我们里面是热火朝天。"

说起来让人觉得不可思议，马云这个不懂电脑的人，却带领一家互联网公司在激烈的竞争中生存下来，甚至成为行业霸主。这恰恰说明了外行的确是能够领导内行的，最关键的是，外行需要信任内行，放心地把事情交给内行去做。马云虽然有很多东西不懂，但是他清楚地知道公司里谁懂什么，谁能做什么，谁能承担怎样的责任，他认为："CEO 的本事，就是会用别人的脑袋。"

在哈佛大学演讲时，马云也曾提出这个观点，在场的听众都觉得难以理解，有人质疑道：如果领导者不懂技术，那么他如何才能成为领路人呢？马云回答说：中国虽然缺乏能源、矿产等资源，但是却拥有最丰富的"人脑资源"，中国有 13 亿人口，"人脑资源"就是最大的财富。不懂技术没有关系，只要懂得人心，一样可以借别人的智慧为己所用。

在马云的团队中，不乏"内行"成员，孙彤宇、蔡崇信、吴炯……他们都是放弃了以前的高职位、高薪酬，死心塌地地投奔马云麾下。马云能够如此"收买"人心，正是因为他懂得人心："外行可以领导内行，重点是要尊重内行。我从来不会跟工程师吵架，因为吵也吵不起来。我也不知道他们在说什么，他们也不知道我想干吗。这怎么吵架？我只能认真听。”

对技术一窍不通的马云还自封为“最合格的一线测试员”。阿里巴巴的每一款新产品都要先经过马云的测试，只有通过测试的才能推向市场。他经常对技术人员说：“如果我会用，我估计 80% 的中小型企业的老板都会用。如果我不会用，中国其他八成以上的中小企业也不会用我们的平台，技术层次再高，卖不出去也没用。”

“我不要你告诉我怎么用，我自己进去点击。阿里巴巴为什么这么流行？绝大多数的中小型企业老板都不懂电子商务，但他们为什么喜欢，因为我是他们的质量检查员。”如果过不了这位“第一测试员”的关，那些神通广大的工程师都得返工重新做。看起来，对马云这个技术外行而言，这些不足反而成为自己独特的“资源优势”。

除了马云以外，还有一个典型的“外行”领导内行的成功案例，这个“外行”就是 IBM 著名领导人——郭士纳。在接手 IBM 公司前，郭士纳是一家食品公司的 CEO，他完全不熟悉 IT 行业，然而却将 IBM 从死神手中夺了回来。当时，IBM 由于机构臃肿和企业文化孤立封闭而举步维艰，亏损高达 160 亿美元，正面临被拆分的危险。在这个关键的时刻，IBM 却请来了郭士纳这个“门外汉”，的确让人匪夷所思。然而，在郭士纳掌舵的九年间，IBM 走上了复兴的道路，公司持续赢利，股价上涨了十倍，成为全球赚钱最多的公司之一。

为什么郭士纳这个外行能够领导内行？郭士纳虽然在IT业是个外行，但是在管理方面却是顶级的内行，这恰恰是他能够领导内行的原因。

很多公司的关键问题并不在于技术，而在于管理。一个外行的领导往往具备更宽阔的视野，能够客观地看待问题。就像马云自己不懂技术，但他可以站在客户的角度来衡量技术问题，思考技术的本质特征，从而做出正确的决策。

从这点来讲，“外行”并不是缺点，“内行”反而具有局限性。外行往往知道自己不懂，所以会虚心请教别人，听取别人的意见。对领导者来说，技术是重要的，但不是必要的，而领导力才是最重要、最可贵的。

在“外行领导内行”方面，汉高祖刘邦有着成功经验：“夫运筹策帷帐之中，决胜于千里之外，吾不如子房；镇国家，抚百姓，给馈饷，不绝粮道，吾不如萧何；连百万之众，战必胜，攻必取，吾不如韩信。此三者，皆人杰也，吾能用之，此吾所以取天下也。”刘邦承认，自己在出谋划策方面不如张良，在保障后勤方面不如萧何，在行军打仗方面不如韩信。然而，就是这位处处不如别人的“外行”，却能够轻易地驾驭张良、萧何、韩信这些“内行”，让这些“内行”发挥各自的专长，帮助他这个“外行”夺取了天下。

外行可以领导内行，但这里所说的“领导”指的是管理，而不是取代，自己不懂的事情还需要放手让内行去完成。在一个团队中，领导者负责管理，专业人员负责技术，各自做好自己的事情，才能让团队有效发展，迈向成功。

客户不一定是对的，不要盲从客户需求

有的时候我们公司奉行“客户永远是对的”这一原则，但是有时候客户是错的，他们不知道你们在干什么，你们是企业家，明白自己在干什么。

——马云

“客户是上帝”这句话几乎已经成为每家企业最基本的服务准则，然而，“上帝”也有出错的时候，有些错误甚至可能会给企业带来致命的影响，所以，企业家要具备独立判断的能力，不要盲从客户的需求。

先来看一看马云对客户有着怎样的理解：“我经常跟员工交流一个故事，这里有我对企业的了解。在杭州、上海、南京、北京开的饭店很多都需要提前几天甚至是一个星期预订座位。杭州有一个很有名的饭店，6 年前我到这个饭店去，这个饭店还没有几张桌子，我点好菜后在那儿等。过了 5 分钟，经理来了说：‘先生，你的菜再重新点吧。’我说：‘怎么了？’他说：‘你的菜点错了，你点了四个汤一个菜。你

回去的时候，一定说饭店不好，菜不好，实际上是你菜点得不好，我们有很多好菜，应该点四个菜一个汤。’我觉得这个饭店很有意思，为客人着想，不会像人家看见有客人来，就说龙虾怎么好，甲鱼也不错。他会对你讲没必要点这么多，两个人点这些就行了，不够再点。你会感觉他为客户着想，客户满意了，他才会成功。如果客户不满意，就是他不成功。有的时候我们公司奉行‘客户永远是对的’这一原则，但是有时候客户是错的，他们不知道你们在干什么，你们是企业家，明白自己在干什么。”

客户什么时候是对的？在马云看来，只有当客户能够清楚地认识到自己的需求时，企业才可以听从于客户，为他们提供相应的产品或服务。反之，如果客户对自己的需求并不明确，举例来说，很多客户只是想要“更多”“更便宜”，再具体一些的，他们自己也说不上来，那么这个时候就不能盲目地听从客户，否则很可能不明原因地失去客户。这种情况在市场调查中最容易出现，每个人都有着不同的需求，况且很多人也搞不清楚自己需要的究竟是什么，因此，仅靠市场调查来统计客户需求是不可取的。

可口可乐曾经做过一次口味改革。他们在前期市场调查中发现，客户们更倾向于新口味，然而当可口可乐公司正式推出新口味的可乐，停止生产传统口味的可乐之后，客户们却提出了抗议，甚至有很多消费者在街上游行示威抵制新口味的可乐。为什么会发生这种情况呢？这是因为，虽然人们在口味上倾向于新可乐，但是在情感上更倾向于传统可乐。口味是可以判断的，但情感却是难以言说的。因此，市场调查可以简单地判断出客户的口味倾向，却无法体现人们的内在需求。最终，可口可乐公司换回了传统口味可乐，并且进行了公开道歉。

曾经有人问乔布斯："您是怎样通过市场调查来了解大众的需求，才会让产品如此成功的？"乔布斯回答说："不用做调查，消费者并不知道他们需要的是什么，而苹果会告诉他们什么才是潮流！"

很多企业都把满足客户需求作为最大的责任，他们喜欢围着客户转，使用一切手段来调查客户需求。而乔布斯却只关心使用者的经验，而且是他自己的使用经验。他会在客户知道自己的需求之前告诉他们需要什么，并且让他们意识到自己需要那些曾经以为不需要的东西。

"有些人说，消费者想要什么就给他们什么，但那不是我的方式，我的责任是提前一步搞清楚他们将来想要什么。如果消费者也不知道自己需要什么，他们怎么能告诉我他们需要什么呢？"因此，乔布斯会直接把产品摆在客户面前，并且告诉他们："这就是你想要的！"

马云刚刚投身互联网行业时，中国人还不了解互联网，他在游说客户的过程中遭到了无数次的拒绝。后来，互联网在中国发展起来了，马云开始做电子商务，当时电子商务对人们来说也是个遥远的东西，没有人会主动提出这方面的需求。然而，当时没有需求并不意味着以后没有需求，如果马云只听信于客户，那么也就不会有后来发展得红火的阿里巴巴和淘宝网了。在马云的帮助下，广大中国人从了解电子商务，到使用电子商务，再到精通电子商务，可以说，马云让我国电子商务的起步时间至少提前了三年。

就像“汽车大王”亨利·福特曾经说过的：“如果当初我去问顾客到底想要什么，他们会回答说要一匹跑得更快的马。”

重视客户的利益，把客户的利益放在首位，这是无可厚非的，然而很多时候客户并不清楚怎样才能将自己的利益最大化，这样的客户需要帮助和指导，只有站在他们的角度，帮助他们将利益最大化，才能满足他们，留住他们。

一家公司生产并且销售幼儿英语教育产品，公司的销售人员在向一位三岁孩子的母亲推销这种产品时，遭到了母亲的拒绝，她说：“我的孩子太小了，不适合学英语。”显然，她的想法是错误的，儿童学习英语越早越好，但是她没有意识到这一点。像这样的客户，就是需要帮助和指导的。

然而，帮助和指导未必全部有效，对此，马云也有自己的方法。

马云在管理员工时实行了一项名为“271”的战略，他认为，在所有员工中，有20%是优秀的员工，可以信任；有70%是不错的员工，需要培养；还有10%是不合格的员工，需要淘汰掉。

马云将这项战略延伸到客户身上，在他看来，“有10%的客户是每年一定要淘汰掉的”。他打了一个比方：一位医生给病人开了药，但是病人回去之后就是不吃药，病好不了还反过来怪医生，对于这样的病人，除了放弃，没有别的选择。

事实上，客户不一定是你的上帝或朋友，他们甚至有可能会害了你，让你蒙受重大的损失。就像可口可乐盲从于市场调查结果，无异于“瞎折腾”，最后不仅自己赔进去很多钱，还差点失去了客户。所以，不要盲从客户需求，对于不合适的客户也没有必要抓住不放，我们不妨借鉴马云的处世之道：客户永远是对的，但是大部分时间他们是错的，因为很多成功需要的是配合。

第九章

魅力：

由内而外散发自信

乐观看待不公，不抱怨出身

我们要让年轻人明白，不要怪人家富，不要怪人家有钱，而要改变自我，寻找快乐，寻找幸福感。创业不会给你带来幸福感，会给你带来快感，但快感的背后会带来很多痛苦，真正的幸福感是你知道自己在做什么，知道给别人带来什么，你会逐渐从痛苦中找到快乐。

——马云

人的一生总会遇到各种不公平的事情，面对这些不公平，你是选择乐观看待，还是终日消沉？你是否愿意通过自己的努力来改变这些不公？或者，你是否只能沉浸在怨恨中不可自拔？

马云曾经说过：“人的心态决定姿态，从而决定你的生活状态。心态好，一切自然会好起来的。你们要比的是 20 年以后，谁能够成为这样的人。世界本来就是不公平的，也没有人是完美的，社会也不可能完美，因为社会由所有不完美的人组成。你的职责是比别人多勤奋一点、多努力一点、多有一点理想，只有这样世界才会好起来。我就是这么走过来的，我能走到今天没有任何理由，唯一的理由是我比同龄人更加乐观，更加会找乐子，更加懂得左手温暖右手，相信明天会更好。”

或许你无法选择自己的命运，但是你能够选择以怎样的态度来面对自己的命运。在IT界，很多CEO都是所谓的精英或海归，而马云却是一介凡人，全靠自己摸爬滚打奋斗出来。然而在他看来，平凡恰恰是他的优势所在，他说：“正因为我从普通家庭出来，从普通学校出来，高考也失败，我才特别能够了解中国老百姓的心态和客户的心态，我学的又是英文，所以我知道西方社会里倡导的是什么。”这样一个小个子男人，却有着武林豪杰一般的英雄气概，他无所畏惧、乐观从容，潇洒地闯荡互联网江湖，仅仅用了几年时间，就从无名小卒一跃成为武林盟主。

1955年，乔布斯在美国加州硅谷诞生，他没有俊朗的外貌和出众的才华，并且被亲生父母抛弃，这让他的命运显得非常悲惨。好在养父母对他很好，但他的生活也和其他孩子没有什么不同，从小学念到大学，毫无特殊之处。然而，上了大学之后，他的生活开始发生转变。他只读了一年大学就辍学了，从此开始研究私人电脑，这在当时还是一门新兴产业。几年后，他和朋友一起创造了世界上最早的私人电脑，随后开了一家公司，名为“苹果”。起初，公司效益一般，有时还会亏损，但是他没有放弃，继续坚持下去。20世纪80年代末，由于公司高管的权力纷争，他被迫离开自己一手培养起来的企业，即便如此，他依然保持积极乐观的心态。即使更糟糕的事情已经发生在他身上——他被查出患有癌症，他也没有消沉，也没有抱怨命运的不公，而是重新开始新一轮的创业，创办了皮克斯动画制作公司，并且一举成名。后来，皮克斯被迪士尼收购，乔布斯成为迪士尼公司最大的个人股东，此后他重新回到苹果公司。当时，苹果公司已经陷入危机，效益极差，乔布斯运用自己的智慧进行了大刀阔斧的改革，仅用一年时间便扭亏为盈。随后，乔布斯又成功地开发出 iPhone、iPad、iTouch、iMac 等产品，被全世界用户尊为“苹果教父”。

纵观乔布斯的一生，可谓命途多舛，从小被遗弃、被赶出自己的公司、患癌症，然而他从来都没有消沉过，始终保持乐观的心态，没有抱怨过一次。他不停地挑战、拼搏，最终战胜命运，成为人们心目中神一般的人物。

事实上，即使我们的命运并不悲惨，但生活中的烦心事必然是少不了的，总会有些事情让我们心烦、悲伤、愤怒，很多人都习惯了抱怨生活中的不公平，然而仔细想想，或许只是因为自己做得不够好吧。我们应该以更加坦然的心态去接受现实，乐观地迎接每一次挑战。我们无法改变现实状况，但可以调整自己的心态来应对问题，毕竟我们的人生掌握在我们自己手里。态度决定了处世的方式和解决问题的方式，积极乐观一些，就可以看到希望和阳光。

霍金从小就对自然科学有着浓厚的兴趣，上大学时，他就意识到，肯定有一套能够解释宇宙的万物理论，他一心专注于科学探索，把寻找这套理论当作自己的使命和信仰。

21岁时，霍金不幸患上了卢伽雷氏症，肌肉严重萎缩，从此被囚禁在轮椅上，只有三根手指可以活动。他的身体严重变形，头部只能向右边倾斜，嘴巴歪斜，肩膀左低右高，双脚向内扭曲。卢伽雷氏症是不治之症，这意味着霍金必须以这样的状态度过一生。刚刚患病时，霍金也消沉过一阵子，极度绝望时，他做了一个梦，梦见自己努力去帮助别人。当时医生预测他最多只能活两年，然而两年过去了，霍金依然活得好好的。他想到了此前曾和自己住在同一个病房的男孩子，那个男孩被送进来第二天就去世了。他顿时豁然开朗，觉得命运并没有把他逼上死路，他不应该消沉下去，不应该放弃，他还有未完成的理想和事业，他要让自己的生命更有价值。就这样，霍金重新振作起来，继续自己的研究。他在个人传记中写道，他觉得疾病并没有给他带来多大的影响，他每天都陶醉在事业中，从来不去思考自己的病情。而且，他还努力证明自己能够像普通人一样生活，只要可以独立完成的事情，他绝对不会让别人代劳，他不愿被当作残疾人看待。他说：“一个人身体残疾了，但精神绝对不可以残疾。”

霍金凭着顽强的意志和乐观的心态，克服了种种困难，在事业上取得了巨大的成就。他曾经六次与死神擦肩而过，每一次都顽强地挺了过来。

在一次公开演讲上，一位女记者问霍金：“病魔已将您永远固定在轮椅上，您不认为命运让您失去得太多了吗？”霍金微笑着用三根手指艰难地在键盘上打出这样一段话：“我的手指还能活动；我的大脑还能思维；我有终生追求的理想；我有爱我和我爱的亲人和朋友……对了，我还有一颗感恩的心！”

一个人能否成功取决于他的心态，心态积极乐观的人能够掌控自己的人生，最终取得成功；心态消沉哀怨的人终日沉溺在自己的负面情绪中，最终一事无成。乐观看待人生不仅能够让人拥有积极的处世心态，更能够提升自己的人格魅力，因为每个人都喜欢与心胸宽广、淡定从容的人在一起。把积极乐观的态度传达给自己身边的人、自己的工作团队、自己的事业，那么，你的生命都会充满光明，你的事业也会离成功更近。

用委屈撑大胸怀的才是真男人

男人的胸怀是用委屈撑大的。

——马云

说起马云，如今似乎被罩上了各种光环，他的知名度不仅在中国很高，也远涉重洋。成功是荣光，是笑脸，是欢呼，然而，在成功的背后，却曾是心酸和泪水，是委屈和痛苦。马云就是这样过来的。

说来似乎难以置信，马云这样中外闻名的成功企业家，在初创时期曾经处于身上只剩200元的尴尬境地。那时他在做中国黄页，起步是艰辛的，互联网在国内还没普及，大多数企业还没听说过互联网，对于这个新生事物还将信将疑，而对于中国黄页更是一时难以接受。步履维艰的马云，期盼着打开这种局面。

在艰难跋涉中，总算有了一些朋友的帮助，像钱江律师事务所、望湖宾馆等单位，他们和马云建立起合作的关系。但由于当时国内还未开通互联网，验证成功的只能靠美国寄过来的打印纸和一个越洋电话。在当时人们看来，马云给大家推荐的东西，既看不见，也摸不着，在很多人眼里就是一场骗局，谁会轻易相信呢？面对这样的局面，推销的难度可想而知。马云内心自然充满了无奈和委屈。

马云期待着能够证明自己的机会，这样的机会终于来了，那时是1997年的5月，上海开通了24k/s的互联网专线，马云在8月的一天，将望湖宾馆老总等客户和杭州电视台的记者请来，从杭州打长途电话到上海联网做了一次现场演示，其间让记者全程录像，他想用这样的办法来证明自己的产品。

当时下载网页还很慢，三个半小时后，才完成下载，当电脑屏幕上终于出现望湖宾馆的主页时，客户很兴奋，它给焦急等待的人们带来了惊喜。此时的马云既有一种如释重负的轻松感和幸福感，也不免内心委屈，而这种委屈今天终于被人们理解，产品终于被证明，马云不禁落泪了。

在创业初期，当人们还不了解互联网时，马云遭遇过误解，同时还遭遇过欺骗。那是1995年下半年，有几个人找到马云，他们自称是深圳的老板，愿意出资两万元来做中国黄页的代理商。马云当时正为资金短缺发愁，老板们的到来犹如下了一场及时雨，让他感到这是福星高照，一切都有了希望，于是将中国黄页的核心模式和机密技术都毫无保留地介绍给客人，还派出技术人员到深圳做指导，帮助对方建立系统。

对于马云周到的服务，几位老板表示很满意，离开时对马云说："三天后到杭州签合同！"可是，此后却是泥牛入海无消息。核心技术都和盘托出，被人家带走了，被人家掌握了，所谓的代理商却消失了。原来，这几位深圳老板已经成立了自己的公司，他们的产品和马云的中国黄页一个模样。马云的诚信换来的却是当头一棒，这是创业的初期，也是最为艰难的时候，马云当时真的难以承受，但他还是凭着一股毅力忍了下来，扛了下来。

马云所受的委屈还不止这些，1996年时，互联网已经成了"热点"，参与互联网的人也多了起来，马云的中国黄页也多了不少竞争对手，其中最大的对手就是杭州电信。马云与这样的对手竞争，可以说根本就不在一个层面上。杭州电信实力强大，资本雄厚，注册资本有3个多亿，拥有很好的社会资源和政府资源；再看马云，注册资本只有可怜的2万元，至于社会资源和政府资源则是一片空白。

显然，连老百姓都看得出来，这是一场不公平的竞争，双方实力悬殊。俗话说一山难容二虎，就杭州来说，也只能有一家企业生存，况且杭州电信利用马云中国黄页（chinapage.com）已有的名声，也做起一个“中国黄页”，但起了个英文名字“chinesepage.com”。

在这样的竞争中，马云又怎么能胜出呢？最后，马云还是决定改变策略，避开竞争，转而联合，这样可以增强自己抵御风险的能力。1996年3月，两家“中国黄页”宣布合作，马云的公司占30%的股份，而杭州电信占70%的股份。表面上看两家是合作了，但这只是权宜之计，一开始就埋下了隐患。果然不久，问题就来了。杭州电信急于利用“中国黄页”赚大钱，但在马云看来，做互联网公司就像养育自己的孩子，时候不到还不便于挣钱。在双方的分歧面前，最后的决定权在实力雄厚的一方，马云只得以辞职宣告自己的失利。这样的结果，用马云的话说就是“东打西拼最后却丢了自己的孩子”，他的内心能不委屈吗？马云当时还拥有21%的“中国黄页”股份，他硬起心肠，把它送给了一起创业的员工，然后满怀激愤地离开了重组后的“中国黄页”。

这次失利发生在1997年，也是马云创业以来最大的失利。马云开始也曾无奈、激愤，但没有因此一蹶不振，他没有落泪，很快调整好自己的心态，坚忍地度过这个时刻。怎样看待这一次次打击，马云认为：“这些事太多太多。每次打击，只要你扛过来了，就会变得更坚强。我又想，通常期望值越高，结果失望越大，所以我总是想明天肯定更倒霉，一定会有更倒霉的事情发生，那么明天真的有打击来了，我就不会害怕了。你除了重重地打击我，又能怎么样？来吧，我能够扛得住。抗打击能力强了，真正的信心也就有了。所以我现在最欣赏的两句话，一句是丘吉尔先生对于遭受重创的英国公众讲的话‘Never give up’（永不放弃），另一句就是‘满怀信心地上路，远胜过到达目的地’。”

有了这样坚忍的毅力，马云才渡过了一次次挫折和磨难，才一步步走向属于自己的辉煌。

如果在挫折和委屈面前一蹶不振，被一次次的伤害击倒，从此放弃自己的追求，就会与成功失之交臂。成大业者，要有宽广的胸襟，容得下挫折和委屈，容得下痛楚和心酸。许多杰出人才的背后，都有着一段段辛酸的故事，都曾饱受挫折和磨难。不经历风雨，怎能见彩虹，没有人能随随便便成功。挫折是必然的，是不可避免的。在创业的征途上，在我们自身成长的过程中，每一天，每时每刻，都面临着这样的考验，预知的，还有不可预知的，委屈和挫折总会不期而至。心胸狭隘的人，胆怯的人，在挫折面前会败下阵来；而坚韧的人，心胸宽广的人，会把委屈和挫折当作新的能量，当作一种人生的阅历，当作一种财富，激励自己在哪里摔倒就从哪里爬起来，勇敢地去开拓新的天地。

听说过这样一个故事，一个寺庙里运来一块巨大的大理石，雕刻工匠将它切割成大大小小好几块。最大的一块给雕成了佛像，从此它享受了人间香火，受到人们的顶礼膜拜。而小块的大理石被简单切割后，铺在佛像前的地面上。这些被铺成地砖的大理石不高兴了，一天晚上，它们委屈地对佛像抱怨道：“真是太不公平了，我们都是石头，为什么天天有人给你上香、膜拜你，而我们却日日受众人踩踏？”佛像回答说：“当初工匠们只动了6刀，就让你们变成了台阶；而我却是在忍受千刀万剐后才变成佛像的。”

这里实际上又提出了一个新问题，就是委屈也有区别，有的是真正付出，而且付出很多，却没有得到认可，甚至被误解；而有的是付出不多，甚至没有付出。两种情况下产生的委屈自然大相径庭。对于后一种情况来说，要懂得一分耕耘一分收获，没有付出，哪来收获？懂得这样的道理，当你失落时，就要找找自身的原因，自己付出了多少？自己又苛求多少？正确认识自己，有了自知之明，有些委屈就会释然，就会放下，你就会轻装前进。

正确认识，摆正心态，这是我们轻松前进的动力。怎样正确认识？怎样正确对待委屈？在一次比赛中，本来能够进入前三名的一个选手，被意外地甩在了第四名，一些观众责怪他，认为这第四名和倒数第一没什么区别。听了这样的挖苦，可能有的人会觉得受了伤害，会觉得很委屈，自己尽力了，而且结果并不差，为什么还遭到这样的嘲讽？但这名选手没有感到委屈，相反他这样认为：“虽然我没有得奖，但是在所有没得奖的选手中，我是第一名。”这样，他就能以积极的心态投身到以后的锻炼和比赛中，身心都会健康成长。

拥有豁达的心胸，拥有良好的心态，这比拿到多大的奖项都更重要。拥有这样的心胸和心态，人就会坚强，就会有毅力，就能激励自己克服困难，做出一番伟大的事业。司马迁总结了历史上一些在苦难历程中艰难跋涉的杰出人物，认为他们就是从困境中奋发有为成就一番大业的。他说："盖西伯拘而演《周易》；仲尼厄而作《春秋》；屈原放逐，乃赋《离骚》；左丘失明，厥有《国语》；孙子膑脚，《兵法》修列；不韦迁蜀，世传《吕览》；韩非囚秦，著《说难》《孤愤》；《诗》三百篇，大抵圣贤发愤之所为作也。"司马迁不仅赞颂了这些历史人物的坚韧，他本身更为后世树立了与困境抗争、与屈辱抗争的不朽典范，他们的所为、他们的精神也在激励着后世的人们。

不怕自嘲，坦然面对自己的外表

我又不比人家多一个脑袋，还那么瘦，长得又丑，没办法，但是要经常给自己信心：男人的长相和智慧是成反比的。

——马云

生活中人们追求完美，但真正做到完美谈何容易。比如对一个人，人们希望他或她才貌双全，但貌若天仙、才华出众，这样的人可是凤毛麟角，众里寻他千百度，也是如同大海捞针。人们看到的更多的是不完美，或不那么完美的。有的人容貌可能不出众，但才华横溢；也有的人外貌光鲜，但出口粗俗或浅薄，是个绣花枕头。

因为对人的第一印象往往在外貌上，所以也有人在容貌上打起马云的主意。有人就曾形容马云看起来像个外星球人，也有人帮腔说，谁要是认为马云好看，那一定是审美出了问题。这样的形容可能还算比较好的恭维，另外有人把马云的脸形容成不怎么规则的马铃薯。马云听了反驳道："一个男人的长相和他的智慧成反比。"

有些影视剧特别是言情剧非常误导观众，荧屏上出现的俊男靓女都是才华出众，这给人一种感觉，就是相貌好，必定就有才华，而资质平平就一定容貌也不争气了。马云的话可能让那些追星族失望了，但细想中外历史上有多少英雄豪杰或各方面的杰出人才都是貌不出众甚至其貌不扬的。但就是这些人物在历史的进程中担当了重要的角色，甚至改写了历史。从这方面讲，他们的容貌不再重要，甚至从另外的角度看，倒是反衬出他们出众的魄力和英雄胆识。

以貌取人的事时有发生，马云也亲身经历过。当年高考失利后，他曾和表弟一起去一家宾馆应聘，结果表弟被录用了，马云则落选。一问，才知老板看中的是表弟身材高大英俊，容易吸引客人，马云却长得又瘦又矮，长相不英俊，在宾馆不适合。马云很无奈：长得不好，又不是我的错。

顺利进入宾馆的表弟至今仍在当洗碗工，落选的马云却已经成为中国最著名也是最成功的商人之一。而他的容貌至今仍在被关注，你看《福布斯》也拿马云开涮，他被描绘成这样一副模样："深凹的颧骨，扭曲的头发，淘气的露齿笑，5 英尺高，100 磅重的顽童模样。"评价有点幽默的味道，但这倒是对马云的相貌和才干形成的巨大反差的一种褒扬。可能正是这个原因，马云那句“一个男人的长相和他的智慧成反比”成了当今有关才华和容貌语录中最为流行的一句了。

这句话从科学的角度看也许还没有任何的依据，但还是有人为此做了一项调查，当然是很有趣的，调查通过对世界上数千个从事不同职业的聪明人做对比，结果发现在最聪明的人中，容貌标致的还不到1%。这难道是对马云那句名言的佐证？或者就是一种特定的社会规律。

说来这也就是一种幽默，这样的对比实际上并没有什么意义。容貌对于事业、工作和生活究竟有多大的意义？每个人的理解各异。如果天生丽质，自视很高，以为从此有了本钱，就能无敌天下，那就错了。容貌的美是有时限的，如果你仅仅仰仗自己的美貌，那总有一天美貌不再，一切就都化为乌有。相反，不把美貌当本钱，而是把精力用在提升自己的知识水平上，用在提升自己的工作能力上，用在提高自身的素质上，就会成为才貌双全的人，即使有一天美貌不再，以你的才能和智慧，依然保持了另一种美的特质和力量。美是一种力量，知识更是一种力量，而且这种力量比美貌更长久，更顽强，更有生命力，更能造福于人类和社会，所以，明智的人会以追求知识为美德，以知识造福于社会为己任。

每个人都希望拥有美的容貌，但这是无法选择的，容貌是天生的，是上天赐给我们的，但知识和智慧却可以通过后天的学习获得。在这一点上，上帝是公平的。知识能够改变命运，知识能够改变一切，虽然长相平常，貌不惊人，甚至丑陋不堪，但你完全可以通过拥有智慧和才能赢得世人的尊敬。毫不夸张地说，这种尊敬超过了对于容貌的赞美。

马云的话是否有科学依据其实并不重要，他对于容貌和才华的对比，也只当是一种自嘲，但对于貌不惊人的人来说却是一种慰藉，一种希望和激励。在先天条件上我们可能不占优势，但我们可以通过后天的优势来赢得比容貌更重要的东西，这就是知识、智慧和力量。只要你努力，只要你钻研，只要你不断地提升自己，成功就会属于你，未来就会属于你，世界就会属于你，那时，你就是一个无憾的人，就是一个充实的人，你就不会为不能拥有天生的美貌而郁闷。马云就是这样的人，现在谁还去计较马云的容貌如何，也许，这种不惊人的容貌反倒成了一种魅力的象征，赢得了更多人的赞赏和崇拜。

放得下面子，主动承认错误

如果你承认自己犯错的时候，我相信你的同事、你的员工会对你表示尊重，因为人不怕犯错误，就怕不承认错误。

——马云

2001年，互联网行业遭遇残酷的“寒冬”，很多互联网公司都陷入困境，有些被迫关门，有些苦苦挣扎。在年度亚洲互联网大会上，面对众多同行和媒体朋友，马云满怀诚意地致歉道：“我特别惭愧这两年犯了无数个错误，但是我承认我就犯了那么多的错误。”马云的坦诚为他赢得了雷鸣般的掌声。

事实上，当时互联网行业整体形势都极其不明朗，然而每一家企业都把问题归结于大环境，认为自己的决策和运营方式是毫无问题的，因此没有哪位老板会主动承认错误、承担责任，也完全不会从公司内部找原因，都觉得公司效益不好根本不是自己造成的。而马云是唯一一个主动承认错误、从内部找原因的人，他承认自己决策上的失误，勇于承担起责任。这种气魄和责任感为马云赢得了很高的人气，人们都因此而坚信马云是个值得信任的人。

当这个“寒冬”过去之后，大部分互联网企业纷纷倒下，而马云带领的阿里巴巴却坚强地生存下来了，恰恰是由于马云善于从内部找原因，主动积极地采取措施，而不是坐以待毙。其实，马云是个非常坦率的人，他为阿里巴巴提出的目标都很高，很多人都觉得马云狂妄，认为他不可能实现这些目标，而马云也没有反驳，他用实际行动向人们证明了自己的能力。然而，当有人问他如果实现不了这些目标该怎么办，会不会很没面子时，马云却坦率地回答说：“我错了，承认错误又不难为情。”

每个人都会犯错误，这是不可避免的，也是再正常不过的。再优秀的人也不可能不犯错，关键是，犯了错误之后要能够意识到错误，承认错误，并且想办法改正错误。很多人害怕自己丢面子，即使犯了错也不敢承认，或是害怕承担责任，遇到问题就一味地逃避。其实，犯了错没什么丢人的，承认错误也不会让人失去尊严，就像马云说的，“承认错误又不难为情”，勇于承认错误、承担责任，反而会给人留下好印象，博得大家的信任。相反，逃避责任、掩饰错误不仅不能保住面子，反而会让人觉得你懦弱、没有责任心，失去大家的信任。

做人要学会勇于承认错误，勇于自我批评，很多人放不下面子，怎么都不肯认错，结果导致一错再错，原本小的纰漏，最后变成大的损失。每个人都应该学会反省自己，并且改正错误，没有人理应为你的错误埋单，因此，自己的错还得自己去改。俗话说“逃得了初一，逃不了十五”，回避错误不等于解决问题，错误依然还在。就像被一块石头绊倒，如果只是用杂草简单地掩盖，再次路过时依然会被那块石头绊倒，只有把石头搬开，才能真正地解决问题。

一个人的魅力并不在于维持表面形象，而是在于拥有宽广的胸怀、真诚的态度。况且，你身边的人都不是傻瓜，你犯了错误，大家都会看在眼里，你掩饰过去，即使大家不说穿，但心里都是明白的。可见，逃避错误的危害是双重的，不仅会让错误越来越大，还会失去人心，这两点危害足以让你一败涂地。到了那个时候，你回过头来想一想，仅仅是因为所谓的面子，就造成如此大的损失，岂不是太亏了？一个敢于承认错误的领导者往往更具个人魅力，他可以为了团队的利益放下个人荣辱，在员工看来，这样的领导者是可靠的、有担当的，他更容易在员工面前树立威信，他的战略和决策也会更有说服力。

墨子的《亲士》中有这么一句话："君必有弗弗之臣，上必有咯咯之下，分议者延延，而支苟者咯咯，焉可以长生保国。"意思是说：君王必须有敢于纠正君主过失、敢于直言进谏的臣僚，分辩议事的人要互相争论，针锋相对，提意见和建议的人要据理直言，只有这样，才能保证国家长治久安。然而，对于一个领导者来说，仅靠下属的力量是不够的，领导者要懂得自我反省，发现错误，改正错误。要知道，领导者也是团队的一员，要发挥自己的作用，承担起自己的责任，这样才能确保团队的协调，发挥出应有的实力。

说什么是什么，原则不能变

原则是不能变的，假如我们所有人放弃了原则、放弃了理想、放弃了坚持、放弃了走正路走阳光路，那么结果会怎样呢？

——马云

马云是个很讲原则的人，他在说话做事时都有自己的原则和方式，不会刻意投别人所好，也不会受到别人的影响。虽然他总是说些看似疯狂的话，做些看似疯狂的决定，但是他从来都是有根有据，不会胡说八道，他所说的一切都是建立在自己的原则之上的。

李一道长曾经因诈骗等罪名被捕，媒体立即挖出了很多与李一交往密切的名人，其中有明星大腕、商界名流，马云也名列其中。一时间，马云受到了来自大众的诸多指责。然而，马云始终没有回避这个话题，也没有为自己辩驳，他坚持自己的原则，客观公正地看待李一事件。

第七届网商大会上，马云在闭幕演讲中说过这样一段话：“我把他当朋友。怎么了？你说我怎么有这样的朋友。我有这样的朋友怎么了？李一怎么了？有一天到大学里面很多人说李一，我说请在座的诸位告诉我谁见过李一？都没见过李一，你们凭什么说李一害人？是他骗过你一分钱了，还是怎么了？没有。莫名其妙在骂，跟‘文革’一样。我说我见过李一，他没骗过我一分钱。什么是我朋友？他对我好。我朋友要是杀人放火，只要他对我好，他就是我朋友，该国家惩罚他惩罚他，把他抓进去，我会给他送饭。这是朋友。李一是我朋友，今天我还这么说。李一没害过我，李一没骗过我。别人这么讲，我不喜欢。”

李一犯了罪，马云并没有出于友情而为他辩护或开罪，在他看来，犯了错误就应该承认错误，做了违法的事理应受到惩罚，但是李一并没有加害于他，他们之间的友情不存在问题，因此不需要回避彼此的关系，也根本无须一刀两断，替自己撇清干系。马云曾经说过，他并不觉得李一有传说中的那么神乎其技，但是他非常欣赏李一在道家文化方面的见解，也很喜欢和他交流，觉得这是工作之余的一种放松。可见，马云是个重情义的人，也是个讲原则的人，因此他觉得大家应该客观公正地看待李一这个人。

马云原则性很强，也很率性，在他看来，对的就是对的，错的就是错的，不需要回避，也不需要掩饰，更不需要刻意地篡改真相。阿里巴巴曾经几度融资，每一次融资之前，马云都会对股东说这样一句话，“你要投资可以，但是阿里巴巴还是我马云来掌管”。他的原则就是融资金额不得超过49%，这项原则已经成为阿里巴巴的硬性规定，即使投资方想要投入更多的钱，马云也决不答应，因为他必须坚持自己的原则。恰恰是由于坚持原则，马云才能赢得别人的信任，他说出的话也更有分量，投资人都愿意接受马云的提议，尊重他的原则。

事实上，有很多人在为人处世方面都没有原则性，容易改变想法，说好的事情总是变来变去，让人感觉难以信任。这其实是一种缺乏主见的表现，这样的人通常没有足够的威望和说服力，今天这样，明天那样，一天一个想法，没有自己的立场，态度也总是摇摆不定，时间久了，大家就会觉得这个人善变、不可靠，不愿意再迁就，也不愿意再和这样的人打交道。

做人应该讲原则，要有自己的主张和底线，想好了、认准了再做决定，话说出口就是板上钉钉，说什么就是什么，至少不能三天两头地改变想法。如果总是一会儿一个主意，或是不管怎样都好，那么别人就搞不清楚你究竟在想些什么，也不知道你到底要做什么。其实，摇摆不定不仅会失去别人的信任，还会让自己的心越来越乱，越来越找不到方向，结果迷失了自己。

原则如同建筑物的地基，是一个人为人处世最基础的部分。如果缺少地基或是地基不牢，那么这个人就会显得轻浮，说话做事给人不可靠的感觉，没有人喜欢和这样的人打交道，更别提是做生意了。一个创业者应该有主见，有自己的办事风格和决策，如果总是随波逐流、人云亦云，那么任何事情都不可能做好。

1985 年以 40 万美元种子资金起步；1992 年 6 月经过四轮私募后登陆纳斯达克，融资 2900 万美元；从此年均销售额增长 20%、利润增长 30% 以上，股价上涨超过三十倍，原始投资获利数百倍……

星巴克是全球最大的咖啡零售商、加工厂和著名品牌，它保持了工业化标准和品牌形象，创造了“垂直整合企业”的传奇。星巴克的成功，离不开其首席执行总裁霍华德·舒尔茨的英明决策，而他的决策，就是以坚定的原则为基础的。

在执掌星巴克的二十年中，舒尔茨一次又一次地拒绝了无数常人难以抵挡的诱惑，他有自己独特的价值观和原则，因此敢于反叛“常识”，即使“绕远路”也在所不惜。“听从自己的心灵，即使遭人讥笑也无所顾忌。”舒尔茨不在乎外界的评论，在他心里，自己的原则就是唯一的标准，他说：“不要害怕与传统智慧抵牾。”他不怕摊薄自己的股票份额，宁愿通过出售股票的方式来筹得资金，也绝不举债扩张；他不愿在员工身上省钱，也很少打广告做宣传；他对多元化经营不感兴趣，坚持只做自己的产业。

早在 1984 年，星巴克举债收购另一家咖啡豆商铺（债务与股值的比率是 6∶1），当时舒尔茨还只是星巴克的市场经理，他非常反对这种扩张方式。果然，举债迫使星巴克背上包袱，束住了手脚，陷入了债务危机，给整个企业带来了严重的负面影响。舒尔茨认为："举债创办公司并非最佳方式。许多搞企业的喜欢从银行借钱，因为这会让他们有全权掌控大局的感觉，而通过出售股票来筹集资金，会使个人对于整个运作失去控制力。我相信对于企业经营者来说，维持掌控力的最好方式是以经营绩效来取悦各大股东，他自己的份额哪怕在50%以下也没关系。这比背上沉重债务的危险要有利得多，大肆举债限制了未来发展和创新的可能性。"

零售业是一种资金密集型行业，舒尔茨在担任首席执行总裁之后，转而采取入股或卖股票的筹资方式，让投资者获得股份、期权，或是加入董事会，就这样，星巴克走上了健康发展的道路，于1992年成功上市。

可见，创业者在说话做事方面一定要有自己的原则，这个原则就是你的立场和价值观，没有原则的人是不可能有威望的，这样的人没有明确的目标，无法给自己的员工指明道路，无法让他们看到希望，也无法让员工得到成长，没有人愿意跟随这样的领导者。

但是，坚定原则并不意味着不知变通，说话做事时还是要掌握灵活性，根据具体情况及时做出修正。当然，这种灵活性也是以讲原则为基础，不能随意改变最基本的原则。也就是说，你的方向不能改变，不管以什么样的方式去走这条路，只要方向不变就可以了。

第十章

感染：

把激情传递给每一个人

满怀激情追逐梦想的人才会成功

人可以 10 天不喝水，7 天不吃饭，2 分钟不呼吸，但不能失去梦想 1 分钟。没有梦想比贫穷更可怕，因为这代表着对未来没有希望。一个人最可怕的是不知道自己干什么，有梦想就不在乎别人骂，知道自己要什么，才会坚持下去。

——马云

在中央电视台举办的中国青年人创业大会上，马云曾经讲过这样几句话："作为一个创业者，首先要给自己一个梦想。在 1995 年我偶然有一次机会到了美国，然后我看见了、发现了互联网。我不是一个技术人才，我对技术几乎不懂，到目前为止，我对电脑的认识还是停留在收发邮件和浏览页面上，我今天早上还在说，到现在为止我还搞不清楚该怎么样在电脑上用 U 盘。但是这并不重要，重要的是你到底梦想干什么。"

马云是一个不安分的人，一个典型的理想主义者，追逐梦想是他一生的宿命，一旦燃起梦想的火种，他一定会将这火种蔓延成熊熊烈火，任何困难都无法阻挡他。

大学毕业后的马云被分配到高校里任教，在当时很多人看来，一个本科生能够得到一份大学教师的工作，实在是了不起的事情。然而，马云的梦想却不在这里，他向往更加宽阔的天地，小小的校园无法锁住他逐梦的心。他的第一个梦想是开一家翻译社，他说干就干，和朋友创办了海博翻译社，这应该是杭州最早的专业翻译机构。后来在谈到自己的翻译社时，马云说："我总觉得这件事情挺好的，然后也是一个梦想，我觉得这个翻译社是有前景的，可以成为杭州最大甚至是浙江最大的一个翻译社。"

然而，一个胸怀大志的人不会满足于小小的成功，海博翻译社让马云的经商能力得到了锻炼，积累了丰富的社会经验，因此扩展了视野，他的梦想也变得更加高远。

此时，尚未辞去教师工作的马云在本职工作上已经是一帆风顺，并且取得了一些小成就。这一年，马云刚满 30 岁，已经被评选为杭州市"十大杰出青年教师"之一，并且是学校驻外办事处主任。作为一名教师，能够取得这些成绩已经算是很优秀了。然而，这些小成就根本满足不了马云热血沸腾的心，他是一个理想主义者，必将把过去抛到身后，去追寻更远大的目标。他毅然辞去了教师工作，任凭校长怎样挽留，也下定决心要去干自己的一番事业。无奈之下，校长只好给马云留了一条后路："你什么时候想要回来，这里永远都欢迎你！"马云也非常感激校长的诚意："我要回来那也是十年之后的事情了！"从此，马云放弃了过去的一切，离开校园，踏上了寻梦的征途。后来，在一次采访中，功成名就的他回忆起那次辞职，感慨地说道："当时我已经30岁了，我就是要去做一家公司，不管做什么公司，只要有一个行业我就会跳下去！"就这样，杭州少了一位优秀教师，但中国多了一位顶级商人，多了一位无数年轻创业者的榜样。

杰克·韦尔奇曾经说过："如果一个人在30岁时就开始做一件日复一日、周而复始的工作，那将是一件多么遗憾的事情。拿出你的勇气，去冒险吧，去追逐你的梦想吧！"

一百多年前，一位贫穷的牧羊人带着两个年幼的儿子替别人放羊为生。有一天，他们把羊群赶到了一个山坡上，突然，一群大雁飞过他们头顶，不一会儿就消失在远方。小儿子问父亲："它们要飞到哪里去？"父亲说："天气冷了，它们要搬到暖和的地方，在那里度过冬天，明年再回来。"大儿子说："如果我也能像大雁那样飞翔就好了。"小儿子也说："我真希望自己是一只大雁，能够飞到很远的地方。"父亲没有嘲笑儿子们的"胡思乱想"，而是鼓励他们说："只要你们想，你们也能飞起来。"两个儿子原地跳了跳，试图飞起来，但根本不可能，他们觉得父亲骗了他们，父亲却说："让我来飞给你们看。"他张开双臂跳了一下，但是也没有飞起来。父亲认真地说："我老了，飞不起来了，但你们还小，只要肯努力，就一定能够飞起来，飞到你们想去的地方。”两个儿子把父亲的话牢牢记在心里，并且不断地努力研究，20多年过去了，他们终于实现了梦想，飞了起来。这两兄弟就是发明飞机的莱特兄弟。

或许在别人看来，你的梦想是天方夜谭，然而只要你自己有信念，坚持自己的梦想，并且满怀激情追逐梦想，你就一定能够取得成功。

在某所小学的作文课上，老师让孩子们以《我的梦想》为题写一篇作文。一个男孩子很快就完成了作文，他写的是，希望自己将来能够拥有一座占地十几公顷的大庄园，种满绿草和绿树。庄园里盖起无数小木屋，设有烤肉区，以及一座休闲旅馆，供游客休闲娱乐。

老师读了这篇作文后，对男孩子说：“我要求你们写的是梦想，不是幻想，你要重新写一篇交给我。”男孩子不情愿地说道：“可是，这就是我的梦想啊。”老师坚持说：“梦想是可以实现的，你写的是幻想，不可能实现。”男孩子感到很委屈，倔强地说：“这就是我的梦想，我一定会实现我的梦想。”结果，男孩子的作文得了零分。

三十年后，这位老师收到了一封邀请函，信中说，邀请他到一座度假村旅游。老师应邀前往，接待他的恰恰是当年的那个男孩子，如今，他已经人到中年，并且通过自己的努力实现了梦想，建造出了和他作文中所描写的一模一样的大庄园。望着满眼的绿色，闻着烤肉的香气，老师感到无比惭愧，他不禁叹息道：“几十年的教师生涯，我不知道用成绩磨灭了多少孩子的梦想，而你，是唯一一个坚持自己梦想的人。”

马云曾说：“创业者首先要有一个梦想，这很重要。你没有梦的话，为做而做，别人让你做是做不好的。”一个人首先要有梦想，然后要有追逐梦想的激情，并且靠着这种激情坚持下去。梦想是你的目标，激情是你的能量，有了目标和能量，就不会在乎别人说什么，也不会畏惧前进道路上的艰难。生命永远都会因梦想而闪光，因梦想而耀眼，所以，只有满怀激情追逐梦想的人才会成功。

用激情把一个人的理想变成众人的理想

不要让你的同事为你干活，而要让你的同事为你们的目标干活，共同努力，团结在一个共同的目标下面，要比团结在你一个企业家底下容易得多。所以首先要说服大家认同共同的理想，而不是让大家来为你干活。

——马云

人进入职场之后就会有自己的目标和理想，但这个目标、理想不应该只是你个人的，而应该是你所在企业的共同目标、理想。大家有缘在同一家公司做事情，一起讨论想干什么如何去干，这是很难得的。因此大家的目标理想实现了，你个人的梦想也就会得以实现。

马云是个富有激情的人，不管他到什么地方，见过他的都会说他是个很有激情的人，而且这些人自己也会被马云的激情感染。这正是马云的人格魅力所在，正是因为这种激情造就了马云的成功。这种激情让他离开了6年的教学生涯转而投身商海。在阿里巴巴刚刚成立时，马云对他的创业同盟者发誓说："我们要做一家80年的公司，要进入全球网站的前10名。"这难道不是激情吗？然后，马云更富有煽动性地说："我们要做一家102年的公司，要进入全球网站的前3名。"马云的这句口头禅"只有你想不到的，没有马云做不到的"很能说明他的激情。因为有激情，马云总是给人精力充沛的感觉，他的演讲总充满了煽动性，能让在场者深受感染。

马云就像毒药一样让所有与他有过接触的人受到感染和影响，和他接触过的一个人这样描述道："他就像一剂毒药，把所有的不可能都变成了可能。"

阿里巴巴的创办人之一的蔡崇信就是被马云的激情所感染，才来到阿里巴巴的。这说起来有点戏剧性了，蔡崇信原来在一家国际投资公司，那次去阿里巴巴是商讨投资的可能性，结果几次和马云接触，他就被马云身上的独特人格魅力所折服了，他立即辞去了年薪75万美金的工作，到了阿里巴巴，每月只领500元的薪水。这一举动也让马云吓了一跳。蔡崇信的加盟让阿里巴巴的视野更加宽阔，同时也给阿里巴巴带来了国际大投资公司高盛的人脉。

2000年5月，吴炯加盟阿里巴巴。这个雅虎搜索引擎及其许多应用技术的前首席设计师，是获得过美国授予的搜索引擎核心技术专利的发明人，也是因马云的宏伟构想而被吸引到阿里巴巴的。吴炯的加盟也带动了一大批在硅谷工作的华裔精英，他们在美国为阿里巴巴做研发新产品的工作。这些人中，有在GE（通用电气公司）工作了16年的关明生，他加盟后任阿里巴巴的COO（首席运营官）；微软中国原人事总监和联想网站原财务总监；另外还有负责阿里巴巴市场的副总裁是美国运通卡的原市场总裁；阿里巴巴的战略副总裁桑杰……这些人之所以加入阿里巴巴，是因为马云为阿里巴巴制定的宏伟目标，这一美好的愿景让他们心存向往。

这些人的加盟也让马云意识到，不断注入的新思路和新思维，让阿里巴巴吸引着越来越多的行业精英，这才是阿里巴巴越做越大的重要因素。然而，能够吸引来那么多人才，最重要的原因就是，他自己身上的创业激情。

马云不单对自己的创业充满激情，他还会用这份激情感染整个集体，让整个团队上下都充满了勇往直前的活力，即便是在阿里巴巴处于发展的低潮期时，他也会激励团队奋发有为，努力为阿里巴巴留住任何一位人才。阿里巴巴有一个普通员工，以前情绪非常消极，到了阿里巴巴之后，虽然月薪只有3000元人民币，这对于大多数的白领是毫无吸引力的，可几个月之后，她很自豪地对月薪高于自己的朋友说："请不要再和我提自杀那种愚蠢的话题，我正在给中国的电子商务做贡献。"这意味着她已经告别了以前的自己。

马云不仅将激情带给了员工，还带给了员工的家属，马云很看重家属的感受，他经常会请员工的家属来公司视察参观。马云的这一做法也让员工家属感受到了激情的力量，参观回家后，家属们更是鼓励亲人在阿里巴巴努力工作。他们中的很多人在参观完阿里巴巴之后，改变了自己的想法，甚至以自己的亲人在阿里巴巴工作为荣。

无论马云走到哪里，他都会把自己的激情带到哪里，还会将这种激情融入阿里巴巴的价值观中。马云认为年轻人都富有激情，可他们身上的这种激情来得快去得也快，而一个人的激情只有持久，才能推动他做一番事业。对马云而言，客户和项目都可以不要，可不能丢失自己的追求，而这一追求就是一个人的激情，失败不算什么，重要的是敢于东山再起。只有激情才能保证成功。马云在《赢在中国》里这么说："创业者的激情有的在表面上，有的在内心里，而激情不能受伤害。"也就是说激情既是表面的也是内心的。

优秀的领导者会将他身上的激情带给自己身边的人，让整个集体不由自主地跟上他的前进节奏。

正是因为马云身边的人在他身上看到了希望，才有了阿里巴巴今天的成就。

"无论什么时候看到他，你在他眼中看到的都是自信和一定能赢的信心。你跟他在一起就充满了活力。"阿里巴巴副总裁戴珊这样评价马云。而刘伟对马云的评价是："在你绝望的时候能让你看到希望，能跟着走。"

为什么一定要对心中的理想充满激情？这是因为只有这样我们才会将自己生命中的绝大多数时间投入其中。在刚建立起团队时，点燃自己的激情也会让团队的其他成员受到感染，他们就会随着你的全身心投入而投入。只有在饱满的热情的支持下，你的团队和客户才更愿意相信你为他们描绘的未来，这样他们才会敢于去尝试你为他们做的那块大饼。

俗话说“激情成就梦想”，因为梦想的实现是需要投入激情的，换一个角度来说，梦想是诱发激情的一个重要因素。一个企业有了远大的目标、梦想或抱负的话，这些就会成为企业中层的事业心，成为普通员工进取的动力，它能够让本不可能发生的事变成可能。不满足于现状就是对美好未来的期望，它会不断地激励你完成心里的那个目标。比尔·盖茨说：“每天早晨醒来，一想到所从事的工作和所开发的技术将会给人类生活带来的巨大影响和变化，我就会无比兴奋和激动。”一个远大的梦想是足以让一个人去努力一生的，倘若我们都无比热爱自己所从事的工作，那么我们就能获得源源不断的动力，因此，只有热爱自己所从事的工作，我们才有可能保持激情。

从客观来讲，我们无法确保企业里的每一个员工都能非常热爱他们所从事的工作，要想让他们做到这一点，就需要企业的领导者通过自身的努力为员工们创造一个梦。其实这并不难，对一个企业来讲，每年的营销誓师会、新品发布会、营销战略会就是很好的途径，它们的价值要强过详细布置给员工的任务，它们让大家血管里的血流得更快，让员工们看到了他们努力后的美好结果和可以预见的未来。在这方面，最为经典的事例是微软首席执行官史蒂夫·鲍尔默在一次公司大会开场登台时的表现。这个身形魁梧的家伙在演讲台上来回跳跃，歇斯底里地高声大喊，直到喘不上气为止，在他那里没有冗长的报告与说教，只有他对微软的热爱，对微软事业发展的信心，而这些就足以使整个会场的人为之动容了。一个供职微软的年轻人在听完他的报告后感慨道："我被我们的 CEO 鼓动得热血沸腾，当时如果让我去为微软撞墙，我也会毫不犹豫。"虽有些夸张，但他说出了鲍尔默传播激情的功效。"我想让所有人和我一起分享我对微软产品与服务的热爱，我想让所有员工分享我对公司的激情。"鲍尔默在微软 20 多年的生涯里，虽然对软件技术并不精通，可他能拿出做啦啦队队长的鼓动本事率领员工去开拓市场，因此他赢得了微软广大员工的喜爱。

一个管理者除了要有战略眼光外，还必须有抱负和魄力，更不可少的是他一定要永葆激情。倘若我们身上始终有一团在燃烧的火焰来激励员工，那么我们的事业就会突飞猛进地发展。

打造"笑脸"公司，用快乐点燃热情

评价一个公司是不是优秀，不要看他是不是 Harvard（哈佛大学）、是不是 Stanford（斯坦福大学），不要评价里面有多少名牌大学毕业生，而要评价这帮人干活是不是发疯一样地干，看他们每天下班是不是笑眯眯回家！

——马云

这里要说说企业的表情。可能你觉得这个问题有点不靠谱，甚至与企业经营风马牛不相及，但实际上，表情也与企业的竞争力息息相关。一个创业者，要有一张充满笑意的脸，给他人带来快乐的同时，自己也快乐着，这对企业的发展意义重大。而在马云看来，不仅领导人要有一张笑脸，员工也要有一张笑脸，这样大家就能充满活力地快乐工作。

我们都有这样的体会，在愉悦的气氛下工作，人不仅快乐，工作效率也会大幅提高。所以，明智的企业家总会想办法创造轻松愉悦的工作氛围，他会给员工以微笑，给员工以鼓励，这样，员工也会以微笑和高效率的工作作为回报。如果你整天板着脸，仿佛大家都欠你什么，大家就会感到压抑、不安甚至厌烦，这样的不良情绪必然影响到工作的正常进行，影响到工作的效率，影响到质量和品质。如果员工努力工作，却得不到领导的首肯，看到的还是冷酷的脸，这就是对员工的不尊重和伤害。

阿里巴巴就是一个快乐的地方。2006 年 11 月，百安居中国区总裁卫哲来到阿里巴巴集团担任副总裁，刚一迈进阿里巴巴，就发现这是一个充满笑意的地方，他不由得惊叹道："这恐怕是中国笑脸最多的一个公司，而且执行力超强，但我也不知道为什么。"

卫哲看到负责销售的员工们站在一部部电话机前，他们脸上带着微笑，彼此互称"阿珂""青桐""破虏"。你以为这是金庸小说的一幕？不不，这是阿里巴巴下属的淘宝公司的一个工作场景。淘宝公司会议室的名字也很特别，“黑木崖”“侠客岛”之类的，仿佛又把人带到了金庸的小说世界里。

卫哲看在眼里，开始还有些不理解，询问一位员工，员工倒是觉得这很自然，也应该这样，没什么奇怪的。就是这位员工，两个多月前刚来时，也同样看不惯这种“疯狂”，觉得很可笑，但很快就被这种氛围所感染，也陶醉其中。

“上班像疯子，下班笑眯眯”，马云希望员工都能这样工作和生活，活得轻松愉快，活得潇洒，不把生活当成负担，不像苦行僧那样活着。在他看来，“没有笑脸的公司是痛苦的”，他倡导快乐文化并为此身体力行。

走进阿里巴巴，人们会从墙上看到一幅照片，照片上是一位戴面纱的“新疆姑娘”。这是2005年9月在阿里巴巴与雅虎中国的杭州大联欢晚会上拍摄的。您猜得出吗？照片上的“新疆姑娘”不是别人，正是马云这位中国电子商务的领军人物。

看来，在阿里巴巴这里总是充满欢声笑语，这首先要归功于马云的率先行动，他有时会以维吾尔族姑娘的面容出现，有时又会改头换面成一个渔夫。阿里巴巴的首席财务官蔡崇信本是个不苟言笑的人，有时居然会穿上女人的丝袜，在大庭广众下跳起缠绵的钢管舞。

马云会随时制造轻松愉悦的氛围，让员工开心，让员工快乐地工作。有时，他会出现在员工身后，神采飞扬地聊聊业务，不露声色地做些启发。他的手机铃声是“我们是共产主义接班人”。他还喜欢围棋，然而下得很糟，喜欢玩四国（一种游戏），也同样糟糕，玩起“杀人游戏”，也总是第一个出局，只因为话太多。他参与游戏，为的就是在企业内部营造一种轻松愉悦的氛围，在这样的环境里，人们开心地生活，开心地工作，生活质量和工作质量都得到了提升。

难道马云就没有烦心事吗？他永远是这么快乐的吗？不是，马云和所有人一样，也会有不开心的时候。马云就曾说过，他有时也会失眠，几夜睡不着，只不过作为一个领军人物，他将自己的压力埋在心底。就拿2006年来说，马云认为这一年就是“最痛苦的一年”。就在这一年，阿里巴巴兼并了雅虎中国，之后如何整合，是一个巨大的挑战。当时面临着对雅虎中国旧部的思想改造，这是一个极其艰难的工作，马云为此而苦恼。

马云倡导的是“快乐文化”，而雅虎中国员工则更习惯于军事进攻似的拼杀，“进攻”“你死我活”成了他们的口头禅。两种理念互不相让，各说各的理，马云想要说服对方谈何容易。要转变这种局面，马云也是煞费苦心，他干脆在北京找房子住下来，以便和雅虎员工随时沟通。经过马云的艰苦工作，局面终于发生转变，现在再去看看雅虎，那里的员工也都笑了起来。马云看中的就是这张笑脸，因为这才是阿里巴巴的标识。

这个标识赢得了大家的赞同，在阿里巴巴当选为“CCTV中国年度十大雇主”之一时，马云又指出了新的目标：“我们两次被‘中国十大雇主公司’提名……我们希望在四五年之内成为‘全球十大雇主公司’

之一，我们希望在5年内成为年轻人最希望加入的公司！”

但就是这番豪言壮语，很快就遭到了“口水”的回击。有个阿里巴巴员工的妻子给马云发来邮件，说家人从早上7点到晚上12点拼命工作，每天睡不了五个小时，她对此表示不满，她指责马云：“你能成为中国最有‘钱途’的人，最主要是因为你拥有了一批‘不要命’地为你工作的阿里员工。”她还在最后质疑，“这样的公司也能被称为‘最佳雇主公司’？”

马云很快以邮件的形式回信说：

“我觉得阿里巴巴最佳的作品应该是我们朝气蓬勃的阿里人。一批每天能把工作后的笑脸带给家人，第二天能把生活的快乐和智慧带回工作的人！我希望的阿里人是一批有梦想、有激情、能实干但很会生活的人！把生活和工作对立起来的人一定不是真正的阿里人！至少他还不够阿里！

我讨厌那些整天混日子、没有理想、没有激情的人（犹如农场里饲养的鸡鸭），我也非常讨厌那些只会拼命工作但毫无生活情趣的人（犹如一台台的机器）！

一个不认真工作的人是不可能会有美好生活的，同样，一个不懂得生活的人是不可能工作好的！

各位阿里同事，我们要奋斗102年。我们不是一个只做12个月的公司。

过度地消耗我们的体力，透支我们的个人生活，我们一定坚持不久。

我特别希望大家为了我们自己，为了我们的家人，为了让阿里巴巴真正地健康发展，请快乐地工作，认真地生活吧。把生活和工作弄矛盾的人一定要认真地反思！”

从管理的角度讲，对内也应有个客户概念，就是将员工视为内部客户，对他们要有服务意识，让他们感受到尊严的存在，让他们精神愉快，情绪饱满，内心充满喜悦之情，并把这种精神和情趣融进工作中，传递给客户。客户受到感染，就会对企业产生信赖，企业就能得到发展。就像“亚洲最佳雇主”联邦快递亚洲区总裁说的那样：“我们要照顾好员工，他们就会照顾好客户，进而照顾好我们的利润。”

我们再来看看丹麦乐高公司总部的内部陈设：墙板是天蓝的，高背沙发是玫红色的，而高低各异的展示柜上陈列着变形金刚和坦克，那是用积木拼成的。突然，你听到“嗖”的一声，只见一个员工通过铁皮滑梯从二楼滑下来，到了一楼，他站起身拍拍屁股，若无其事地向资料室走去。

在诺和诺德公司，CEO 索睿森先生喜欢骑自行车上下班，他和秘书还有十几个人在一个大办公室里一起工作。

松下公司有“三会”制度，就是“朝会”“恳谈会”和“信息员例会”。“三会”都给人以放松的感觉，“朝会”每天召开，时间长短不定，内容很丰富，开会时气氛轻松愉快，这让员工能够精神饱满地投入到一天的工作中。而每月一次的“恳谈会”，则更像一次聚餐，大家在一起吃喝、唱歌，通过恳谈，加强相互了解，缓解心理压力。“信息员例会”也是每月一次，与前两个会有所不同，在这个会上，大家可以尽情发泄情绪，对薪酬和住宿条件，对同事和领导，有意见都可以提出来。这些意见被直接反映给相关部门，或者直接送到副总那里，答复是必须在规定时间内做出的。

也有更“出格”的地方，比如著名的网络搜索引擎公司Google，那里的员工居然可以把自己的宠物小狗带到办公室，这在许多单位简直不可想象。在这里，员工享受免费的午餐和晚餐，在不耽误工作的前提下，允许员工在上班时间打曲棍球。在这样宽松的条件下，在自由与信任的氛围中，员工的工作热情更高，劲头更足。

让员工忠实于企业，就要帮助员工，解决他们的实际困难，让他们没有后顾之忧，这样才能放松快乐地全身心投入到工作中。这个问题解决不好，企业的效率就不会提高，发展就会滞后，甚至倒退。而一个明智的企业，则能想办法让员工快乐起来，调动员工的工作积极性。员工的快乐程度与企业的发展成正比，这已经成为企业发展的一个动力。

“狂人狂语”背后不忘脚踏实地

只有你想不到的，没有马云办不到的。

——马云

知道马云有两个外号吗？对，一个是“疯子”，一个是“狂人”。马云就是这样的性格，用两个字高度概括就是：疯狂。

马云的创业之路可谓一直与“疯狂”相伴。当他还在杭州电子工业学院时，就春风得意，但他却“疯狂”地选择了“下海”，告别了摆在眼前的大好前程。这是不是很“疯狂”？

偶然接触到互联网，这个东西又让马云着了迷，并为之“疯狂”起来。这次“疯狂”得更厉害，一发而不可收，朋友们看了很揪心，直拦着他：“这玩意儿太邪门了吧？政府还没有开始操作的东西，不是我们能够干的，也不是你马云能够干的，这需要好几千万美金呢！”

马云一旦疯起来可是不听劝的，他硬是凭着一股疯劲儿，让阿里巴巴出现在世人面前。

马云的“疯狂”已经成为一种常态，软银公司的孙正义给他 4000 万美元，按说这样的好事谁能不要呢，可是马云的疯劲儿又上来了，就是不要这么多，这倒让掏钱的人被动起来，最后只好按马云的意思给了 2000 万。

马云的疯狂还表现在“自不量力”，敢于和全球电子商务巨头 eBay 交手。形象一点说，这就像蚂蚁和大象的决斗。那是 2003 年，eBay 收购了中国 C2C 老大易趣，实现了强强联合，一副独霸中国网拍市场的架势。面对这个“巨无霸”，马云竟做出了挑战的架势。

作为阿里巴巴的首席技术官，吴炯听到这个消息，觉得马云“疯了”。吴炯在雅虎美国有多年的工作经验，是互联网的行家，他对马云提出了忠告："Jack，你疯了吗？我在雅虎跟 eBay 交锋了那么多年，输得口服心服，那是个非常可怕的巨人……"

别人害怕，可是马云不怕，他非要和这个巨人一比高下。阿里巴巴于 2003 年 7 月在上海、杭州和北京同时宣布投资淘宝网，向 C2C 进军。马云的"疯狂"终于带来了同样令众人"疯狂"的结果：淘宝网在不到两年的时间里，竟占领了中国 C2C 市场 70% 的份额，那个"巨无霸"eBay 选择了止损出局。这是个令所有人吃惊的结果，也许，只有"疯狂"的马云才配有这样的结果。

说起狂，它有着两层含义，或者是两种表现形式，其一是狂妄，这是一种无知的表现；另一种是自信，因为胸有成竹，所以表现出了胆识和远见卓识，是一种稳操胜券的淡定和智慧。毫无疑问，马云的狂属于后者，因为底气足，他才敢说："我们原计划是 30 年内拿到 1 个席位（世界十大网站），现在看来我们有可能 10 年内拿到 3 个席位了！"

马云知道大家认为他很疯，但他对此的反应很淡定。对于自己的疯，马云有着自己的理解，就像他所说的那样："我疯狂，但是绝不愚蠢。"

确实这样，在马云表面的"疯狂"下，依然坚持着原则，这是不能因为疯狂而丢掉的。他的原则就是三个"永远不"。首先是永远不欺骗别人。阿里巴巴"六大价值观"之一就是"诚信"，这是阿里巴巴电子商务生态链的基础。

在复杂的商品经济条件下如何生存，马云的观点是变复杂为简单，而简单之路就是诚信。在《赢在中国》节目中，马云阐述了这个理念，他是这样说的："商业社会其实是个很复杂的社会，但是我觉得只有一样东西能够自己把握，那就是诚信。因为诚信，所以简单。越复杂的东西，越要讲究诚信。"

在阿里巴巴总部，你会看到这样一些小卖部，那里只有商品，却没有营业员，购物的人完全靠自觉付款取货，这就是"信任小卖部"。小卖部运营正常，没少过钱。

2005年，在阿里巴巴"网商论坛"上，马云讲了一个真实的故事："1995年我被4家公司欺骗，我还派一个人到深圳去，教他们文案怎么做，我还在这里傻傻地等。今天回过头来看，欺骗我的4家公司全关门了，这说明靠欺骗走不远。"

第二个原则是永远不要羡慕别人的团队。作为阿里巴巴"六大价值观"之一，"团队合作"的核心就是"共享共担、以小我完成大我"。马云认为，一定要保持团队的复杂性，这样才能实现各方面的互补，但价值观必须是共同的。

马云强调团队的意义，他认为自己的团队是最好的团队。

第三个原则是永远不要责怪别人。不怪天，不怪地，要怪就怪自己。

2004年是中国企业全球化的"失败年"，谈到失败，马云也是不怨天不怨地，还是在自身上找问题。他说："不是天花板太硬，也不是地太软，是你的腿太懒，怪自己平时不学习。我认为海尔出去失败是正常的，他们成功才奇怪。20年以前，他们成立公司的第一天，就没有想过自己会全球化。”

正是基于这样的原则，马云虽然常常口出狂言，但依然是踏踏实实地走路，这条路并没有因为“疯狂”而走歪。

我又想起了有关“偏执”的问题。英特尔前任CEO安迪·格鲁夫在他的著作《只有偏执狂才能生存》一书中谈到“偏执”，其中有这样的话：“愚蠢的人说，不要把所有的鸡蛋放在一个篮子里；而聪明的人却说，把你的鸡蛋放在一个篮子里，然后看管好那个篮子。”这就是偏执。

从某个角度讲，我们在生活和工作中还真需要点偏执，有时，没有点偏执，在这个世界上就很难找到立足之地。所谓“正常”的人，常常会为自己找到各种借口而改变初衷，又因为这种改变而退缩了，懦弱了，停滞不动了，等等。而借助一点“偏执”，敢于挑战，敢于应战，也许就能坚定执着地走下去，不达目的决不罢休。许多成功也许就是这么取得的。

李阳的英语以“疯狂”著称，其实他也并非生来就是英语天才。他有着和其他普通孩子一样的童年，也曾害羞、内向，即使上了大学，也没有什么可圈可点的地方。在大学第一学期期末考试中，他的成绩在全年级倒数几名，后来还连续两个学期英语考试不及格。虽然觉得很丢人，但李阳没有因此悲观丧气、一蹶不振，而是要一雪前耻。英语成绩不是不理想吗？那就拿英语当突破口。他发誓要在四个月后的英语四级考试中争取通过。

李阳是个有心人，在学习中他发现高声朗读英语，会集中注意力，这样就能提高学习质量，于是就每天到校园空旷的地方放声大喊英语，最后达到让历届英语四级考试题脱口而出的熟练程度。李阳觉得大喊大叫或许是一种很好的学习方法，他还叫上一个同学一起喊英语，从冬天一直喊到转年的春天。四个月的时间里，李阳复述了10多本英文原版书，大量的英语四级考试题也背得烂熟。他的口袋里装满了各种纸条，上面抄写着各种英语句子，随时可以掏出来读读。宿舍、教室和食堂，不管走到哪里，李阳的嘴总是在不停地说着。四个月后，李阳的舌头灵活了，耳朵灵敏了，反应加快了。在当年的英语四级考试中，取得了全校第二名的优异成绩。

李阳还发现，张口大喊还会改变人的性格。内向、自卑和害羞，这些性格上的弱点，在大声喊叫中被战胜了，精神更加集中的同时，记忆力也提高了，自信心也树立起来了。李阳总结了他的学习方法，觉得有必要将这种方法传播给更多的学习者，帮助那些走进学习误区的孩子。用什么方法呢？李阳决定开讲座。在等待开讲的时刻，李阳还有些犹豫，甚至想放弃，后来他是在大家的掌声中被跌跌撞撞地推上讲台，人生的第一次演讲就这样开始了。

1990年7月，李阳大学毕业后被分到一家研究所工作，他将这种学习方式延续了下来，每天从宿舍到研究所的路上他依然在念着英语。开始只有他一个人，被人称为“疯子”，后来“疯子”的举止感染了很多人，于是，在他身后也有人跟来了。无论身在何处，无论是寒冬还是酷暑，他都在读着、喊着。1992年，李阳考进广东人民广播电台英文台，很快就成了一名英语新闻节目主持人，成为广州地区最受欢迎的英文播音员和中国翻译工作者协会最年轻的会员。

1994年，李阳辞去电台的工作，组建了“李阳·克立兹国际英语推广工作室”。此后，他的“疯狂英语”便向四面八方传播开去。李阳的成功靠的是什么？也许就是靠“疯狂”，疯狂使人做事执着、不屈不挠，认定一个目标，相信自己能够实现，就一往无前地向着这个目标走下去，纵然征途上有千难万险，也绝不反悔，绝不回头。这就是“狂”人的成功经验。

只言片语打动人心

我是一个不喜欢拖泥带水的人，我总是懒得说太多的话。

——马云

大部分人都有开会的体验，讲话人在台上滔滔不绝，听讲人在下面哈欠连天。为什么会这样？只因讲话人说的尽是空话、套话、车轱辘话，加上枯燥乏味，不得要领，大家能不心烦吗？可是，在阿里巴巴听马云演讲，就不是这番景象了，他讲起话来不仅幽默风趣，有号召力、感染力，还精练，不拖沓，简单明了。比如说到公司的发展目标，就是两个词——“活着”和“挣钱”，干脆利落，直击要害。马云讲话犹如给病人点穴，只抓住最小却关键的那个点，不必面面俱到，这样才会找到病源，手到病除，也只有这样的讲话，才能抓住要害，抓住重点和难点，让人心服口服。

阿里巴巴于1999年正式成立，10月，马云与软银公司的老总孙正义会面。孙正义一向有着网络风向标的美称，喜欢投资网络，经常向一些有潜力的公司投资。孙正义相中了阿里巴巴，打算做做评估。对马云来说，这无疑是一个好机会，但演说时间，对方只给6分钟。就是在这6分钟里，马云充分发挥出他的语言天赋和魅力，精练精确地表达了阿里巴巴的核心内容。他的6分钟演讲，让孙正义当即做出决定，向阿里巴巴投资，阿里巴巴顺利地接受了这第一笔融资。

另一件值得称道的是收购雅虎中国，马云与杨致远之间没有马拉松式的谈判，没有长时间的论证，仅仅10分钟面对面的谈论，所有的利益关系就都说得清清楚楚，最后以杨致远点头同意结束。马云的连珠妙语，还常常出现在《赢在中国》这样的节目中，他能用最精练的词语，表达最丰富的内涵，用最短的语句，表达最多的内容。马云的这种风格不仅表现在工作中、演讲中和谈判中，就是在日常生活中，他也有着追求精致简练的习惯和风格，他把这种习惯和风格归于自己很懒，所以不想多说话。这样一来，废话反倒没有了，无聊的话没有了，说话就说到点子上，说到实处。在工作中，他讨厌烦琐，简单有效率才是他需要的。马云不仅自己说话简洁明快，他也要求员工说话要精练，一两句能讲清的，就不要拐弯抹角绕圈子说上一大堆，更不用写上十几页的报告。

其实，说话精练，不仅表现了说话人做事干脆利落，还表现了讲话人的概括能力、综合能力，还有对事物的理解能力，所有这些都需要讲话人对事物有深入透彻的了解和理解。啰唆，车轱辘话连篇，看似冗长令人生厌，实际上也说明了讲话人对事物了解不透，抓不住重点，不得要领，甚至自己本身就糊涂，所以越多讲，越糊涂，把听讲人也绕得一头雾水。讲话精练的人，他会把繁杂的事物做有效的梳理，从中理出脉络，抓住中心，讲话就会有的放矢。

讲话也体现着一个人的人格魅力，讲话精练，说明讲话人有很强的人格魅力，讲究对听话人尊重，因为夸夸其谈是令人生厌的，是劳民伤财。而有的人却唯恐大家冷落了他，觉得他无话可说，于是讲起来没完没了，加上言之无物，不得要领，殊不知这恰恰犯了演讲的大忌。这样一来，讲话人的用意不仅难以达到，还容易在群众中产生逆反心理。我们有些领导就是这样，喜欢开会，有的甚至成了开会迷，会上不是训示就是长篇演讲，对群众的感受则漠不关心。对这样的领导，群众是不买账的，你讲得越多，听的人反而越少，甚至你在台上开大会，群众在台下开小会。所以，一直以来，人们都期盼着会风的改进，实际上也是对讲话人提出了要求。

改进会风，改进讲话方式，缩短讲话内容，已经成了众人的期望。人们期待着简洁精练的讲话内容，避免唠唠叨叨、喋喋不休，避免犯

“博士买驴”那样的错误。其实，讲短话，对讲话人也是一种能力的提升，因为在这个过程中，他要对庞杂的内容做有效的梳理和高度的概括，首先让自己对要讲的话有个透彻的领悟，经过这样的梳理，加上充分理解听众的感受，讲出的话就会精辟，有的放矢，能说到点子上，这样的话听众不仅不厌烦，还爱听，听得进去，甚至愿意让你多讲几句呢。从行文上讲，简洁明快的话，不拖泥带水，能让听者产生愉悦的心情。精练的语言，如果再加上适度的幽默、对仗、排比等修辞手法，就更能受到听者的关注和欢迎，更能调动大家的情绪，更容易被大家接受。年轻的创业者要把这个能力培养好，要当作一件大事来做，这对团结广大员工，凝聚人气，创造良好的工作和生活氛围，有积极意义。

第十一章

责任：

心系天下，做个“社会设计师”

做事业是要为社会创造价值

我觉得一个伟大的公司不能只盯在赚钱上，永远不把赚钱作为第一目标，这是阿里巴巴最重要的原则之一。我们觉得伟大的公司首先应该为社会创造真正的财富和价值，可以持续不断地改变这个社会。

——马云

对于企业来说，获取利益与承担社会责任之间似乎总是难以调和，甚至是完全相反的两极。然而马云却认为这并不是难事，而且是必须要考虑的问题，他曾经在接受采访时说道：“让员工快乐地工作、成长，让用户得到满意服务，让社会感觉到我们存在的价值，这才是阿里巴巴的社会责任所在，至于赚钱和社会回报，那是水到渠成的事。”

就在阿里巴巴迅速发展壮大起来时，马云决定要在阿里巴巴原有的商业模式中植入社会责任。其实，阿里巴巴早已为社会做出了巨大的贡献。众所周知，阿里巴巴的 B2B 模式让几千万中小企业不再受时间和空间所限，仅仅通过一个简单的虚拟平台就能轻松地找到上家和下家，使得整个产业链更加通畅，改变了国内中小企业的命运，并且为他们拓宽了国际市场，赢得了国际声誉。

而阿里巴巴旗下的淘宝网是向所有网民开放的C2C平台，每个人都可以通过这个平台来做小生意，这无形当中为无数人提供了就业机会，让没有条件做生意的人也拥有了赚钱的渠道，解决了生活问题。

然而，马云的目标不仅仅是这些，他说："社会责任不该是一个空的概念，也不单纯局限于慈善、捐款，而是与企业的价值观、用人机制、商业模式等息息相关。做企业赚钱，赚很多的钱，许多人都这么想，但这不是阿里巴巴的目的。"

马云认为，阿里巴巴的社会责任在于让员工快乐工作、学习成长，让整个社会都感受到企业存在的价值。也就是说，马云要把赚钱和责任这两个看似矛盾的概念结合在一起。在他看来，理想的薪酬和良好的工作环境并不是员工工作的唯一目的，员工更需要在工作中获得快乐和成长。马云曾经多次在公开讲话中强调，阿里巴巴最大的财富就是员工，员工如果不能快乐地工作，那么就是对自己不负责任。"一个企业也有三个代表，第一代表客户利益，第二代表员工利益，第三个代表才是股东利益。先客户，再员工，最后才是股东，这三个次序不可以颠倒。"

在马云看来，企业要把社会责任融入工作中去，这样才能真正地承担起社会责任。他说，中国有十几亿人口，20年以后可能很多人会因为种种原因失业，希望电子商务能够帮助更多的人找到就业机会，就业有了保障，家庭就能稳定；事业得到发展，社会也就能够稳定，这同样体现了企业的社会责任。

像阿里巴巴这样的大企业要想赚钱有各种各样的选择，例如进军游戏市场就能在短期内获得丰厚的利润，然而马云却说，除了休闲类棋牌游戏以外，阿里巴巴不会投资任何网络游戏。

马云说过，赚钱有三种人：一种是生意人，一种是商人，一种是企业家。生意人以钱为本，什么赚钱做什么，凡是能赚钱的事情都会去做；商人有所为有所不为，有些事做，有些事不做；企业家的境界最高，他们心怀使命，试图影响社会，改变社会的风气，为社会创造价值。显然，马云就是一个真正的企业家。

克雷格·霍尔在《负责任的企业家》中说：企业家是负责任的，对朋友、商界伙伴和社会负责任。“也就是说，企业家不仅是社会的革新者，更是社会责任与信用关系的维护者，并且致力于改进社会。”

诺贝尔和平奖获得者穆罕默德·尤努斯就是一位勇于发现社会问题，并且承担起社会责任的企业家。早年的尤努斯在美洲求学，在学习的同时，他还积极参加祖国孟加拉国的独立运动。1969 年，尤努斯获得了美国范德比尔特大学的经济学博士学位。1972 年，孟加拉国获得独立，刚刚毕业的尤努斯本可以留在美国，并且得到一份高薪工作，然而他却毅然回到了祖国。在孟加拉国内，他因曾经参加独立运动而获得了较高的知名度，他本有机会当上孟加拉国总理，可他放弃了这个机会，选择到吉大港大学当教师。

1974 年，孟加拉国遭受严重的饥荒。面对无数饥饿的灾民，尤努斯感到无比痛心："我所教授的经济理论对周遭生活没有任何的反映，我怎么能以经济学的名义继续给我的学生讲述虚幻的故事呢？我想从学术生活中逃离，我需要从这些理论、从我的课本中逃离，去发现有关穷人生存的那种实实在在的经济学。"因此，尤努斯做出了人生中的第二个重大选择，他离开了学校，来到贫困的乡村，通过与穷苦村民的接触，探索帮助他们远离饥饿和赤贫的途径。尤努斯发现，乡村人民最缺乏的就是钱，而且，他们的需求并不多，仅仅是几十美分到几美元的小额资金，这不仅能够暂时解决他们的温饱问题，甚至可以帮助他们摆脱贫困、改变命运。

尤努斯决定向穷人发放小额贷款，帮助他们开展个体创业，他认为，要想解决穷人的生活问题，这是最有效的方法。1976 年，尤努斯将 27 美元借贷给村子里的 42 个制作竹凳的农妇，这一点点钱，就足够她们购买全部生产资料，开展小规模的经商活动。对此，尤努斯说："我一开始并不确定究竟能否顺利收回贷款，但这 42 个人都是在我的大学校园旁边的村民。即使我收不回钱，损失的也无非是 27 美元。然而，所有人都及时偿还了贷款。"这一次的贷款，帮助这 42 个农妇脱离了贫困。尤努斯看到了成功的希望，于是从当地银行"批发"出贷款借给更多的穷人，并且保证资金全部回收。有了这些成功的实践经验，尤努斯向国会递交了创建乡村银行的申请，1983 年，国会通过了这项申请，特许尤努斯创建格莱珉（乡村）银行。

格莱珉银行被人们称为“穷人的银行”，尤努斯说：“基本上，我们只借钱给最穷的人。其中大多数是贫穷的妇女，无须抵押也无须担保，不用签合同，也没有连带责任。我们颠覆了人们对于银行的一般意义上的理解。”

格莱珉银行的经营模式可谓义利兼顾，彻底颠覆了传统银行的经营理念。它将最贫困的穷人作为目标客户，不关心他们是否有能力还清贷款。格莱珉银行在孟加拉设立了1100个信用社，向200万贫困人口提供了20亿美元贷款，其中妇女占到97%。而且，格莱珉银行的客户中还有大批的乞丐，他们都通过小额贷款实现了自力更生。尤努斯信任穷人，在他看来，穷人比富人更守信用。所以，穷人们从格莱珉银行得到的不仅仅是贷款，还有尊重和信任，他们因此而有了自信，更加积极主动地解决自己的生活问题。事实上，格莱珉银行借贷给乞丐的资金也有高达97%的回收率。

企业要想发展壮大，固然需要赚取更多的利润，但也必须承担起社会责任。世界五百强的知名企业都具有强烈的社会责任感，每个成功的企业家都非常清楚，企业的发展壮大离不开社会的支持，这就需要将发展企业与发展社会紧密地结合起来。就像克雷格·霍尔曾经说过的，“企业家可以并且应该成为推动社会发展的重要力量；企业家可以并且应该相互协作，把饼做大，使各方都能获益”。拥有财富意味着肩负责任，只有承担起责任，才能赢得社会的尊敬。

服务客户，让天下没有难做的生意

很多年前我就在想网名之前的“WWW”是什么意思呢，后来我想明白了，其实是赢(win)赢(win)赢(win)的缩写，第一个“赢”是客户赢，第二个“赢”是合作伙伴赢，第三个“赢”才是我们自己赢。其中任何一家成了输家的话，其他两家也要输，所以必须是“WWW”——“三赢”。

——马云

亚洲是出口导向型经济，是国际上最大的出口供应基地，有着众多中小供应商，然而这些供应商因渠道所限，长年受制于大贸易公司。而阿里巴巴恰恰解决了这个问题，马云对阿里巴巴的定位是：“让天下没有难做的生意！”他要做无数中小企业的解救者。如今，这些中小企业只要登录阿里巴巴网站，就可以把生意做到世界各个角落。

总之，阿里巴巴就是要为中小企业提供一个平台，汇集他们的进出口信息，让全世界都能够看到。所以，“倾听客户的声音，满足客户的需求”就是阿里巴巴生存与发展的基础。

因此，马云认为，“阿里巴巴是一家电子商务公司”这种说法并不确切，最正确的说法应该是“阿里巴巴是一家商务服务公司”。

“什么是电子商务，这两年电子商务被说得越来越神奇。说实在的，我不太愿意参加 IT 的论坛。人家一说马云是 IT 的业内人士，我就慌了，阿里巴巴不是一家 IT 企业，阿里巴巴是一家服务公司。我们以网络为手段帮助我们的客户，把客户变成电子商务公司。如果明天发现有一样东西比互联网更好，我们就会用那种方法。我们不要成为高科技公司，那是为了拿优惠政策。跟客户讲的时候你越低越好，你跟客户说你是高科技，客户会崇拜地看着你，不会买你的产品。高科技太远了，我们讲高科技是说给别人听的，你自己都相信了，那就麻烦了。所以我们说我们不是高科技，不是 IT 企业，我们是商务服务公司。互联网不是什么高深的东西，互联网是一个工具，电子商务就是一个工具。”

马云坚称“电子商务就是一个工具，阿里巴巴是个服务公司”，因此，他对阿里巴巴提出了这样的要求：“技术，就应该是傻瓜式服务。技术应该为人服务，人不能为技术服务。阿里巴巴能够发展得这么好，主要是他们的 CEO 不懂技术。大批懂技术的人跟不懂技术的人工作，蛮开心的，我也觉得很骄傲，因为有 85% 的商人跟我一样不懂技术。我要求阿里巴巴的技术非常简单，使用时不需要看说明书，一点就能找到想要的东西。”

马云说到做到，每次遇到客户，都会和他们一起探讨怎样创办和经营企业：“首先，你要想好自己到底想要干什么，然后才能摆脱各种诱惑，照着这个思路一路走下去。其次，你要知道哪些事情该做，哪些事情不该做，选择具有长远空间的业务去发展。”

可见，马云的推销是一种劝告式的推销、教导式的推销，这让阿里巴巴赢得了客户的信赖。马云说："今天我们的目标很明确，阿里巴巴帮助客户首先是赚钱，再过几年帮助他们快乐地赚钱，又过几年帮助他们赚大钱，最后帮他们省钱。我们可以改变一切，但不改变'让天下没有难做的生意'这个使命。"马云甚至可以为了客户的成功而做出改变，"今天是用电子商务帮助他们成功，如果明天有更好的方法帮助他们成功的话，我一定会扔掉电子商务把它经营起来，客户是最重要的，用什么样的办法并不重要"。

台湾企业家王永庆出身贫寒，15 岁小学毕业后，到一家小米店当学徒。次年，他向父亲借了 200 元钱，自己开了一家小米店。然而，在王永庆的店隔壁，有一家日本米店，双方做同样的生意，竞争非常激烈。为了打败对手，王永庆花了很多心思。

在当时，加工大米的技术还比较落后，出售的大米中掺杂着很多杂质，人们也都习以为常，王永庆则想到了一个办法，他每次卖米之前都会把大米中的杂质拣出来，顾客买到的大米都是干干净净的，这项额外的服务深受顾客的欢迎。

王永庆卖米多为送货上门，他会详细记录每个顾客的家庭情况，包括家里有几口人、每个月吃多少米、什么时候发薪水，等等，然后计算一下送去的米大概哪天会吃完，等到了那一天，就主动把米送过去，等到顾客发薪水的日子，再上门收取费用。

而且，他在送货上门时，还会为顾客附送非常周到的服务：他先检查顾客家中的米缸，如果里面有陈米，就先倒出来，然后把米缸刷干净，再把新米倒进去，把陈米放在最上面，这样一来，陈米就不会因为压在最下层太久而变质。这项简单的服务让很多顾客感到非常感动，从此只买王永庆店里的米。

就这样，王永庆的生意越做越好，越做越大，他也从一个小小的米店老板逐渐成长为台湾工业界的“龙头老大”。后来，在说到自己最初的创业时，王永庆感慨地说：“虽然当时谈不上什么管理知识，但是为了服务顾客做好生意，就认为有必要掌握顾客的需要，没有想到，由此追求实际需要的一点小小构想，竟能作为起步的基础，逐渐扩充演变成为事业管理的逻辑。”

王永庆能够把卖米这种小生意做得那么红火，关键就在于他是真正用心地在做生意。他把心思放在顾客身上，全心全意为顾客服务，研究顾客的心理和需求。他不仅仅是卖东西给顾客，而且发现顾客的潜在需求，并且把这些需求变成自己的服务项目，免费提供给顾客。

我们由此可以看出服务的价值，顾客从王永庆的米店里不仅可以买到米，还可以免费得到贴心的服务。花同样的钱，有超值的收获，顾客当然更愿意买王永庆的米。

深入人心的服务应该融合在工作的所有细节中，在与客户交往的每个环节上，都要细致周到地为顾客考虑，满足客户的需求，给客户带来便利，让客户获得利益。尤其是在当今技术超速发展、产品越来越趋同化的形势中，企业要想在竞争中脱颖而出，就必须赢得更多的客户。只有真心实意地为客户着想，服务于客户，才能赢得客户的心。

达则兼济天下，用慈善回报社会

我觉得我们今天应该真正思考的是，以社会公益的方式来完善这个社会，这是我们的职责，我们今天应该调动我们这么多员工、这么多资源、这么多社会对我们的信任去完善这个社会。

——马云

古语有“穷则独善其身，达则兼济天下”之说。这句话流传了千年，今天依然在发扬光大，特别是“兼济天下”的理念，被以慈善的形式广泛传播于社会。马云也在以自己的行动实践着这一理念。

2010年，马云成为大自然保护协会（简称TNC的全球性组织）董事会成员，他也是进入该董事会的第一位中国人。作为一个全球性国际组织之一，TNC成立于1951年，总部设在美国的弗吉尼亚州的阿灵顿市，成立50多年来，一直以保护大自然为主要目的，现已跻身美国十大慈善机构，在全球生态环保的非营利性民间组织中名列前茅。

加入TNC后，马云于当年12月与百仕达的欧亚平、北京中坤集团的黄怒波、春华资本的胡祖六、上海复星的郭广昌、老牛基金会的牛根生等共计16人，联合向四川省民政厅申请成立“四川大自然保护基金会”。这些商界的富豪希望在中国的环保事业上有所作为。当然，基金会的门槛也是很高的。在建会之初，就在章程中明确了执行理事的资格为："首次认捐不低于300万元""成立后自愿认捐不低于500万元"。

作为给"四川大自然保护基金会"搭桥的美国大自然保护协会，其高层也是来自一些世界富豪集团组成的富豪俱乐部，董事会主席马克·特瑟克曾担任高盛集团的董事和总经理，而他的前任亨利·鲍尔森曾任美国财政部部长，而这两位的背后则是高盛集团。马云与高盛集团之间早有来往，还是在1999年，高盛集团就以400万美元购得阿里巴巴的23%股权。

2013年12月19日，在"淘宝官方拍卖会"上，马云将自创"马体墨宝"以242万元的价格拍卖了出去。作品拍卖前他曾承诺，拍卖所得全部捐给公益事业，他兑现了自己的承诺，阿里巴巴集团拿出同样数额的资金，作为善款捐赠给中国残疾人福利基金会。

马云的慈善之举似乎并没有得到外界的赞赏，外界虽然关注着他的一切动向，却把他频繁参加公益活动视为一种作秀。对此，马云并不在意，他就依照这种"作秀说"谈了自己的见解，他认为既然这是一种作秀，那么现在中国太需要这类作秀了，而且关注作秀的人越多，就说明作秀是对的。

当然，马云对慈善事业的参与不仅在捐献善款上，他还有着更深的理解，做过更深入的探讨，因此他成为中国慈善界的带头人。

2008年，当四川汶川发生强烈地震后，阿里巴巴即向基金会捐款500多万，网上捐赠渠道也及时开通。在同年7月，为促进中国民间慈善事业的发展，马云和李连杰在杭州签订了阿里巴巴和壹基金长期合作的协议。2010 年 5 月，马云宣布阿里巴巴集团自宣布开始日起将集团年收入的 0.3% 划作公益基金用于环境保护项目。

转年 1 月，马云成了壹基金的理事，接着“阿里巴巴公益基金”成了壹基金的头号志愿者。2013 年 9 月 25 日，马云成为美国生命科学突破奖基金会理事。这样，马云每年要给基金会 300 万美元，这就使基金会的年度奖项增加到了 6 个，而且每一项奖金的数目都是 300 万美元。马云打算资助什么科研项目，消息没有透露，但外界猜测应该和癌症有关。

马云关注公益事业，他在这个领域选定了主要的发展方向。他认为世界是多元化的，所以呈现在人们面前的不一定都是美好的一面，对于这样的一面，一定要做有益的弥补，而最好的弥补方法就是发展公益事业。

“我 50 岁前花了时间创造财富，50 岁后我希望做的是把这些钱还给社会，用企业家的精神、企业家的理念和组织的保障把这些钱花出去。今天对于任何企业来讲，捐钱是最容易的事情。我觉得社会责任是任何一个公民、任何一个企业最基本的责任。把爱聚集起来，把爱持久下去，这才是我们社会要倡导的。我特别高兴，我们今天在中国真正开始探讨‘社会企业家’这个词，让我们所有的企业家认为社会责任是基本的，爱才是最重要的，把爱持续地发展，对社会进行完善才是最重要的。所有做公益的人，不仅仅需要梦想，不仅仅需要激情，不仅仅需要创意，而且需要持久制度的保障、体系的保障，需要越来越多的企业家能够创造更多的财富。”

成功的企业家要有宽广的胸怀，这个胸怀不仅表现为在激烈的市场竞争中要有铁石心肠，敢于克服一切险阻，为社会创造丰富的物质财富，还意味着心念百姓，心念弱者，要有慈悲心肠，对社会有一种担当。这样的人是无往而不胜的。

企业家们应该记住孟子所谓的“人皆可以为尧舜”的观点，联系到现实，联系到自身，其中的意义就在于经过努力就可以把企业做大做强，另外就是在成功后，要像尧舜那样，展开以天下为己任的宽广胸怀。

曾经蝉联13年的世界首富比尔·盖茨，在2006年6月宣布将淡出微软管理工作，那年他51岁。2008年6月，盖茨正式退休。退休后他全身心投入慈善事业，他还立下遗嘱，将把个人财产的绝大多数遗赠基金会。他对慈善事业的支持和身体力行，深得大投资家巴菲特的赞赏，巴菲特于2006年6月25日将自己的慈善捐助注入盖茨基金会，他还成为盖茨基金会的三名董事之一。2013年7月9日，巴菲特又将20亿美元股票捐赠给盖茨基金会。

比尔·盖茨有段话阐明了他对慈善事业的认识，他是这样说的：“有了一些财富，是很令人欣慰的。像我的孩子们的教育问题，以及安排很好的假期，对其中的花费问题我从来不必去担心，这是一个很大的好处。但是实际上世界上只有很少一部分人才会没有这样的担心。

它使我能专注于学习和工作。除此之外，我还将我的财富很好地运用到基金会上。基金会应该能够做出很多突破，那就是平等地对待所有生命，通过提供疫苗和药品，治疗那些在贫穷国家中出现的疾病，使那些国家可以消除数以百万计的死亡。所以我召集了一些深信我们可以对社会产生积极影响的人。任何超过百万美元的财富都有回报社会的责任。”我们从中看到了比尔·盖茨的慈悲情怀，他心中装着广大的弱势群体，装着自己对社会的一份担当。

他的身影常常出现在贫困的非洲，那里干旱缺水、疾病泛滥，盖茨基金会经常向这里投入资金，提供帮助。在中国也有盖茨基金会的援助项目，用于接种疫苗。对于艾滋病的防治事业也正在实施一个全面的计划，这将是意义重大的项目。2006年，比尔·盖茨宣布从2008年7月开始将主要精力放在比尔和梅琳达·盖茨基金会，不再负责微软公司的日常管理。对于自己的财富，他曾表示将98%的财产留给比尔和梅琳达·盖茨基金会，至于自己的孩子，他留下的财富很少。

可能有人担心企业做慈善事业会影响到自身的发展，本来财富就是一点一滴积累的，来之不易，特别是许多成功人士都是从磨难中走出来的，都曾经历过穷日子，应该珍惜现在来之不易的财富。这种念头其实是失之偏颇的，对这个问题，我们不妨观照一下盖茨的理念，他认为企业发展到一定程度时，做些与其地位相应的慈善活动，用以回报社会，不仅不会减少企业的长期盈利，相反，还会提升企业的知名度，在消费者的心目中，企业的信誉和声望将会更好，企业也将因此对优秀人才产生更大的吸引力，这对提高企业的长期盈利能力是很有意义的。

心怀使命，与明天竞争

创新就是创造新的价值，不是因为你要打败对手而创新，也不是为名利而创新，而是为了社会，为了客户，为了明天。真正的创新一定是基于一种使命感。其实，我特别欣赏开复（李开复）身上一个优秀的东西，不是他做了很多企业，加入了Google，而是他懂得分享，把自己的经验及学到的东西跟别人分享。

——马云

在当今激烈的市场竞争中，胜出者往往是具有创新意识、勇于革新、具有开拓精神的人，而因循守旧、故步自封的人则往往败下阵来。一些创业者最初总是希图模仿大公司，没有在创新上下功夫，结果往往是南辕北辙。在马云的理念中就没有“模仿”二字，在他身上，最重要的就是“敢为天下先”的勇气。因为创新就是生命，新技术、新方法，犹如新鲜血液，当它们注入企业中，企业才会焕发出勃勃生机。

马云当年在进军B2B领域时，西方已有现成的商业模式，走捷径的话完全可以照搬，但马云没有这样做，因为他对中国的中小企业有着深刻的了解。可以说，阿里巴巴是在一种创新的理念下诞生的，当时的背景是国内大量互联网企业都在盲目照搬欧美模式，而没有联系本国的国情，马云恰恰在这一点上开辟了一条具有中国特色的电子商务之路，形成一种电子商务的新流派。

当阿里巴巴创建支付宝时，马云仔细比对了一下美国的贝宝（PayPal），结果认为贝宝在中国行不通。而当时在全世界，贝宝有着很高的知名度，但马云还是发现了贝宝的缺陷。贝宝的业务模式是典型的 P2P 模式，也就是说，买家要先把钱汇入卖家的账户。这存在着很大的风险，如果卖家没有诚信，那么就会给买家带来经济损失。而且，贝宝缺少严格的身份认证机制，只用邮箱就可以注册。

在欧美国家，当时已建立起信用体系，使用贝宝时，如有违规动作，就会被列入黑名单。贝宝的模式之所以在美国有足够的发展空间，是基于欧美有着完善的信用体系和法律体系。如果中国照搬这一模式，将遭遇很多困难，因为中国的商业文化传统中掺进了很多交情和关系的因素，主观性强，在这种因素影响下，卖家很容易遭到一些不公正的评价，而买家一旦做出这样的评价，就直接影响了卖家的信用，很难再翻身。因此，根据中国的国情以及贝宝的缺陷，马云决定放弃这种模式。

通过摸索，马云发现了一种更符合国情的支付模式，就是由第三方做担保，这样就能消除交易双方的顾虑。基于这种模式，支付宝诞生了。2004 年，支付宝（中国）网络技术有限公司成立，经过此后 7

年的发展，它已与65家金融机构建立起合作关系，并为B2C、网游、机票、保险、运营商及公用事业缴费等八大领域、不同行业的50万家商户提供个性化服务。

支付宝的出现就是一种创新，它的特点是站在用户的角度，因此更符合实际，更受用户欢迎。

支付宝在获得支付牌照后，又继续创新，接连推出多项服务。像2011年4月，与多家银行合作推出的“快捷支付”，作为一种新型的网上支付方式，使用户操作更便捷，不必开通网银，只要直接输入卡面信息支付就完成了。此后，在支付宝的牵头下还成立了“安全支付联盟”，这是我国第一个围绕用户支付安全的产业联盟。另外，支付宝还推出了一种创新性服务项目：快捷登录。

一个企业要想发展，在激烈的市场竞争中立于不败之地，没有创新意识是很难有所突破的。支付宝之所以成为第三方支付行业发展的主导，与它不断推出创新性服务分不开。而如何创新，支付宝是从用户、从服务的角度去看待这个问题的，就像支付宝的副总裁樊治铭所说：“我们理解的创新就是站在用户的角度，去帮助用户解决问题，利用合适的技术去提高用户的生活质量。当然，创新有时候是很微小的，也许只是一个按钮的改变，但其背后也有我们对用户的大量调研。支付宝的每一项创新，都是为了能让用户放心、舒心地使用。”

从阿里巴巴艰苦起家到发展成现有的规模，人们可以看出它成功的关键一点就是坚持创新精神。马云把创新理解得更为超前，他认为创新不是为了打败对手，而是要与明天竞争。就是说，要走在别人前面，才不会被别人甩在身后。企业发展会遇到阻力，这种阻力常常来自固有的思维模式。要获得新的发展空间，就要打破固有的思维方式。

企业家的眼界决定了企业发展的空间大小，决定了企业发展的边界。眼界是由心灵决定的，有什么样的心灵，就有什么样的眼界。企业家有高远的目光，有远大的追求，企业才会有宽广的发展前景。目光短浅，只顾眼前利益，也只能获得蝇头小利。

讲个创业的故事。来自台湾的乔琬珊，是哈佛的高才生，在一段时间里她一直有志于建立牦牛绒的产业链。这个志向源于一次青藏高原之旅。

乔琬珊在哈佛攻读硕士学位时，一次和同学苏芷君到青藏高原游历，她们目睹了当地牧民的生活状况，希望通过自己的努力为改善牧民的生活做点什么。她们把目光聚焦在当地的特产牦牛身上，觉得这里就有商机，因为牦牛的绒毛经处理后可以制成高品质的纺织品，这种纺织品非常柔软、光滑，而且不会刺痒皮肤，它的质感和保暖性都很有优势，甚至胜过在欧洲时尚圈受欢迎的羊绒。

回到美国后，她们马上制订了商业企划，参加哈佛大学的年度大赛，没想到竟获得社会公益组的创业冠军。

接着，她们又参加了荷兰阿姆斯特丹的创业竞赛，也是以第一名取胜。她们创业的第一桶金就是奖金。她们的公司于2006年正式诞生了，取名Shokay（藏语“牦牛绒”之意）。

参赛一路取胜，公司也诞生了，似乎一切都很顺利，但真的干起来时，困难也实实在在地摆在了面前。当时市场上对牦牛绒是陌生的，推广品牌遭遇困境，因为是初创，技术上也还不成熟。乔琬珊走过了艰难的6年。

如今的Shokay已经今非昔比。在青海省内，已经有2600名当地人从事牦牛绒加工工作。通过直接向牧民收购牛绒，使他们获得了长期稳定的生活来源，生活有了更多的保障，传统生活方式也得以保存下来。这个产业链的形成，也为牧民提供了更多的就业机会，本土文化的认同感和自豪感也增强了。6年来，Shokay使3000名牧民的收入提高了20%到30%，乔琬珊她们的创业成功了。

在这里要强调一下创业和投机的区别，我们提倡创业，就是提倡创业者要有高度的责任感和使命感，要眼光高远，有志于从事对民生、社会、国家和民族有益的事业；丢掉了使命感，就成了一种投机，只为满足一己之利，就不会造福于民众，甚至要以损害民众的利益来满足私利，这会遭到社会的唾弃。有了强烈的使命感，就会有胆有识，就会勇于创新，开拓新天地，这样的创业者必然有远大的前途，必将造福于世界。

附录 1

马云经历中的大事

马云简历

1964 年，马云出生于浙江省杭州市。

1976 年，马云开始自学英语，练就了一口纯正、流利的英语。

1982 年，马云高中毕业，第一次参加高考并落榜。

1983 年，马云第二次参加高考并落榜。

1984 年，马云第三次参加高考，被杭州师范学院外语系英语专业破格录取。

1988 年，马云大学毕业，此后 6 年在杭州电子工学院当教师。

1992 年，马云第一次创业，成立了海博翻译社。

1994 年，马云在杭州正式注册成立海博翻译社。

1995 年 5 月 9 日，马云创办了中国黄页网站，为中国互联网史上第一家商业网站。

1995 年 9 月，马云辞去教师工作，正式下海经商。

1995 年 12 月，马云第一次到北京为中国黄页做宣传。

1996年，中国黄页遭遇失败，马云从中国黄页辞职。

1997年12月，马云带领团队再次来到北京，加入北京外经贸部下属的中国国际电子商务中心，开发了外经贸部官方网站、中国商品交易市场网站等一系列国家级网站。

1999年1月，马云正式辞去公职，返回杭州，创办阿里巴巴网站。

1999年10月，阿里巴巴获得第一笔融资，在高盛的牵头下，富达投资、InvestAB等联合向阿里巴巴注入500万美元的风险投资。

2000年1月，阿里巴巴与日本软银合作，获得了阿里巴巴历史上的第二笔风险投资。

2000年7月，阿里巴巴被全球著名的财经杂志《福布斯》评为“全球最佳B2B站点”，马云因此登上了《福布斯》的封面。

2000年10月，马云被世界经济论坛评为“2001年全球100位未来领袖”之一。

2001年，马云被美国亚洲商业协会评选为“2001年度商业领袖”。

2002年5月，马云成为日本最大的财经杂志《日经》的封面人物。

2003年5月，马云创建淘宝网。

2003年10月，马云创立全球领先的独立第三方支付平台——支付宝。

2004年12月，马云荣获“CCTV中国经济年度人物”奖。

2005年，马云收购雅虎中国的全部资产，阿里巴巴成为中国最大的互联网公司。

2006年，马云担任《赢在中国》节目的评委，雅虎中国和阿里巴巴为《赢在中国》官方网站提供平台。

2006年10月30日，马云正式战略投资口碑网。

2007年，马云在上海正式注册成立阿里巴巴（中国）软件公司。

2007年6月9日，马云携手e贷通，进军银行业。

2007年8月，马云推出阿里巴巴旗下的一个全新互联网广告交易平台——阿里妈妈。

2008年3月，马云获选《巴隆金融周刊》2008年度全球30位最佳运行长。

2008年7月，马云获得日本第十届企业家大奖（此前该奖项只颁发给日本国内的企业家）。

2008年9月，马云被美国《商业周刊》评为25位互联网业最具影响力的人物之一，成为中国唯一一位上榜的企业家。

2008年10月31日，阿里巴巴公司和杭州师范大学合作共建杭州师范大学阿里巴巴商学院，马云任董事长。

2009年，马云个人净资产达80亿元，位列胡润富豪榜第77位。

2009年11月，马云获选《时代》周刊2009年百名最具影响力人物。

2009年11月，马云获选《商业周刊》2009年中国最具影响力40人。

2009年12月23日，马云获选“CCTV中国经济年度人物”之中国经济十年商业领袖。

2010年9月，《财富》杂志以“智慧”和“影响力”为指标，评选出当今全球科技界最聪明的50人，马云以“阿里巴巴CEO”身份获得“最聪明CEO”第四名。

2012年，《财富》中国最具影响力的50位商界领袖排行榜，马云排名第八。

2013年，马云名列《新财富》中国富豪榜第十七位。

2013年5月10日，马云宣布卸任阿里巴巴集团首席执行官（CEO）一职。

2014年3月，马云名列“全球50位最伟大领袖”排行榜第十六位。

2014年4月，马云获选《时代》周刊2014年全球百大人物。

阿里巴巴公司介绍

阿里巴巴集团是一家由中国人创建的国际化的互联网公司，经营多元化的互联网业务，致力为全球所有人创造便捷的交易渠道。自成立以来，集团建立了领先的消费者电子商务、网上支付、B2B网上交易市场及云计算业务，近几年更积极开拓无线应用、手机操作系统和互联网电视等领域。集团以促进一个开放、协同、繁荣的电子商务生态系统为目标，旨在对消费者、商家以及经济发展做出贡献。

阿里巴巴集团由本为英语教师的马云于1999年带领其他17人所创立，集团由私人持股，服务于来自超过240个国家和地区的互联网用户；集团及其关联公司在大中华地区、印度、日本、韩国、英国及美国的 70 多个城市共有 24000 多名员工。

2014 年 9 月 19 日晚，阿里巴巴正式在纽交所挂牌交易，股票代码 BABA，价格确定为每股 68 美元，这项交易创下了全球范围内规模最大的 IPO 交易之一。阿里巴巴上市受热捧，招股价区间由最初的 60 ～ 66 美元提高到 66 ～ 68 美元，并最终在 68 美元的上限定价，融资 218 亿美元。其股票当天开盘价为 92.7 美元，较发行价大涨 36.32%。

附录 2

马云演讲

爱迪生欺骗了世界

——马云 2005 年在雅虎中国演讲

今天是我第一次和雅虎的朋友们面对面交流，我希望把我成功的经验和大家分享，尽管我认为你们中绝大多数勤劳聪明的人都无法从中获益，但我坚信，一定有一些懒得去判断我讲得是否正确就效仿的人，他们就可以获益匪浅。

让我们开启今天的话题吧！

世界上很多非常聪明并且受过高等教育的人无法成功，就是因为他们从小就受到了错误的教育，他们养成了勤劳的恶习。很多人都记得爱迪生说的那句话：天才就是 99% 的汗水加上 1% 的灵感，并且被这句话误导了一生。勤勤恳恳地奋斗，最终却碌碌无为。其实爱迪生是因为懒得想他成功的真正原因，所以就编了这句话来误导我们。

很多人可能认为我是在胡说八道，好，让我用 100 个例子来证实你们的错误吧！事实胜于雄辩。

世界上最富有的人——比尔·盖茨，他是个程序员，懒得读书，他就退学了。他又懒得记那些复杂的DOS命令，于是，他就编了个图形的界面程序，叫什么来着？我忘了，懒得记这些东西。于是，全世界的电脑都长着相同的脸，而他也成了世界首富。

世界上最值钱的品牌——可口可乐，它的老板更懒，尽管中国的茶文化历史悠久，巴西的咖啡香味浓郁，但他实在太懒了，弄点儿糖精加上凉水，装瓶就卖。于是全世界有人的地方，大家都在喝那种像血一样的液体。

世界上最好的足球运动员罗纳尔多，他在场上连动都懒得动，就在对方的门前站着，等球砸到他的时候，踢一脚。这就是全世界身价最高的运动员了。有的人说，他带球的速度快得惊人，那是废话，别人一场跑90分钟，他就跑15秒，当然要快些了。

世界上最厉害的餐饮企业——麦当劳，它的老板也是懒得出奇，懒得学习法国大餐的精美，懒得掌握中餐的复杂技巧，弄两片破面包夹块牛肉就卖，结果全世界都能看到那个M的标志。必胜客的老板，懒得把馅饼的馅装进去，直接撒在发面饼上面就卖，结果大家管那叫Pizza，比10张馅饼还贵。

还有更聪明的懒人：

懒得爬楼，于是他们发明了电梯；

懒得走路，于是他们制造出汽车、火车和飞机；

懒得一个一个地杀人，于是他们发明了原子弹；

懒得每次去计算，于是他们发明了数学公式；

懒得出去听音乐会，于是他们发明了唱片、磁带和CD；

这样的例子太多了，我都懒得再说了。

还有那句废话也要提一下，生命在于运动，你见过哪个运动员长寿了？世界上最长寿的人还不是那些连肉都懒得吃的和尚？

如果没有这些懒人，我们现在生活在什么样的环境里，我都懒得想！

人是这样，动物也如此。世界上最长寿的动物叫乌龟，它们一辈子几乎不怎么动，就趴在那里，结果能活1000年。它们懒得走，但和勤劳好动的兔子赛跑，谁赢了？牛最勤劳，结果人们给它吃草，却还要挤它的奶。熊猫傻了吧唧的，什么也不干，抱着根竹子能啃一天，人们亲昵地称它为“国宝”。

回到我们的工作中，看看你公司里每天最早来最晚走，一天像发条一样忙个不停的人，他是不是工资最低的？那个每天游手好闲，没事就发呆的家伙，是不是工资最高？据说还持有不少公司的股票呢！

以上我所举的例子，只是想说明一个问题，这个世界实际上是靠懒人来支撑的。世界如此精彩，都是拜懒人所赐。现在你应该知道你不成功的主要原因了吧！

懒不是傻懒，如果你想少干，就要想出懒的方法。要懒出风格，懒出境界。像我从小就懒，连肉都懒得长，这就是境界。

再次感谢大家！

创新不是要打败对手，而是与明天竞争

——马云 2011 年在“清华创新论坛”演讲

尊敬的委员长、朱部长、顾校长，各位领导，各位同事：

非常荣幸，从来没想过自己会参加清华百年校庆。小时候有很大的梦想，想进清华北大，也有很大的使命，想为国家做贡献，但缺乏创新的手段，没有考上清华。跟开复有点不一样，开复想要寻找的是一流的人才，我不是一流的人才，但我也不是四流的人才。天生我材必有用，我越想越有道理，你想找到适合自己的方法，一定有办法。我不相信有一流的人才，我只相信有一流的努力。有的人开会多了，吃饭多了，越来越胖。我刚好相反，我跟人吃饭也不少，但是越吃越瘦，大部分的时候我在听别人讲，或者在讲我自己认为应该坚持的东西，所以很少有时间吃饭。但是我觉得我跟很多同事分享的时候，假如你毕业于北大，毕业于清华，你用欣赏的眼光看看别人；别假如你毕业于普通的学校，你用欣赏的眼光看看自己。

我今天讲一些我自己的观点，我坐在下面思考我要讲什么，因为每次讲我都是临时想的。我真实的想法是创新无模式，创新就是你的感触，你对问题的看法。我想表达一下我对创新的看法，未必对，只是分享给大家。我自己在想为什么没考进清华，小学我念了七年，中学念了三年，高考考了三次，一直以来没有被认为是好学生，但也没变成一个坏学生。小学我是最好的小学生之一，我们去参加考试全军

覆没，后来实在没有中学要我们，就把我们改成杭州天水中学。在杭州历史上只有一所小学改中学的，我有时候看见北大、清华、哈佛这些学校的毕业生，出于嫉妒心理，我经常会讽刺多一点。我认为我考进的杭州师范学院是最好的学校。我特别喜欢这两个字——启迪，现在的教学我觉得只是在灌输知识。刚才委员长讲，现在已经是知识爆炸的时代，我分析为什么我考试考不好，老师讲的东西我永远记不住，优秀的学生是老师讲的他记得很清楚。我认为知识是可以灌输的，但是人类的智慧是需要启迪的，是需要唤醒的。我们进入21世纪，在知识爆炸的时候，重要的不是获取更多的知识，以前的时代你可能需要获取大量的知识，我太佩服我以前那些同学了。中国人的文化说勤劳勇敢，勤劳是很重要，机器是永远不会偷懒的，人和机器最大的差别是人懂得创新。我觉得未来教育最大的改革是发现，我非常同意好奇、独特的思考，我们应该去唤起人的智慧。其实像我们这样的人，真的记不住知识点，比如王安石变法是哪年，高考就考那些东西。我以前数学还不错，后来数学高考考了1分，当然我觉得数学后来考得也不错。我们应该懂得唤醒人的智慧，发现孩子的强项，我觉得这可能是我们未来最大的挑战，这也是我们今天在教育上面需要找出来的巨大创新。

第二个企业的创新，我分享一下我的看法，在我理解，创新就是创造新的价值。创新不是因为你要打败对手，不是为了更大的名，而是为了社会，为了客户，为了明天。创新不是为了与对手竞争，而是跟明天竞争。真正的创新一定是基于使命感，我一直在问自己这个问题，这么多年来越来越辛苦，越来越累。我特别欣赏开复一个优秀的东西，不是他做了很多企业，参加了Google，而是他懂得分享，把自己的经验、把学到的东西跟别人分享。

我自己觉得我们一定要问自己一个问题，我到底为了什么。其实有时候很多论坛邀请我去演讲，我会拒绝很多，但有时候还得去，为什么？想要清楚自己有什么、要什么、要放弃什么。其实我一无所有，也没有一个有钱的爸，也没有一个有钱的舅舅，我做到现在，感谢这个时代，感谢很多的朋友，感恩互联网，感恩所有信任我的朋友，是他们的信任让我走到了今天。我是侥幸，但是有多少企业可以像淘宝、阿里巴巴，它们能够走跟我们一样的路。我今天说十多年来，我做阿里巴巴从来没改过的使命是，让天下没有难做的生意，让小企业成长起来，成为明天的谷歌、明天的百度、明天的阿里巴巴。微博上说了，阿里巴巴是投资负增长，我们挣钱没游戏公司多，但我们挣得踏实。我没骗过投资者，我第一天就跟他们讲，我拿的钱今天影响了一个行业。我不敢说我们有多大的贡献，但中国电子商务发展到今天，阿里人做出的贡献很大，我们自己可能没挣很多钱，但是我们创建了电子商务，我们创建了诚信体系，我们创建了物流体系，明白自己有什么，明白自己要什么，明白自己放弃什么。做企业，有钱的人千万不要想有权，在政府中，有权的人千万不要想自己有钱，这两个东西就像火药一样，你死的时候都不知道怎么死的。只有明白自己要什么，走得才会踏实。基于使命感的创新才是持久的，另外，我自己觉得创新一定在企业外部。前一段时间美国一个学者问我，你认为学校应该怎么培养学生？我认为学校是最好的学校，学校培育了我们。在我最困难的时候，管理混乱，不知道怎么办的时候，我专门去研究了一下，我们公司内部换了一个经理，所有人都要辞职，后来我们改成总监以上是集团直接管理，越管越靠谱。我们今天换一个总监、换一个副总裁很方便，这样的机制才能可持续发展，所以创新在公司以外。

另外我讲一下人才，我觉得我们需要的是平凡的人。我儿子 18 岁的时候我给他写了一封信，我说儿子 18 岁了，我送你三句话：第一，永远用自己的脑袋思考问题，独立判断；第二，永远保持乐观的心态，世界上是有很多问题，但解决问题的办法总比问题多。世界上所有的问题，人类这么多年都过来了，为什么我们就过不去？第三个讲真话，跟老爸讲真话。公司的员工也一样，我希望员工是乐观的，我喜欢独立思考的员工，喜欢讲真话的员工。我们都是平凡的人，这三个基本要求谁都能做到。我也希望我的公司是个动物园，而不是农场，农场永远不会创新，农场就是一群鸡、一群鸭都一样，服装都统一的，麻烦大了，而我们需要的是各类动物，有开心的，有快乐的。由于是人才他一定有点怪异，所以领导要包容。

第三个就是企业内部要有创新机制，文化很重要的一点是舒服。我刚才一穿西装打领带就特不舒服，我就不会讲话了。阿里巴巴讲一个价值观，那就是坚持自己的原则，在这个原则基础上什么事情都可以谈，在这个原则之外什么事情都不能谈。阿里有今天，我们特别强调文化。前段时间我们阿里巴巴 B2B 的 CEO 卫哲辞职，是承担了他应该承担的责任，并没有网上传的利益分配、内部斗争，哪有那么复杂。违背价值体系，违背我们的原则，谁都该承担责任，就是那么简单。有人说马云你的价值观连你的 CEO 都不理解，这不是我的价值观，这是“我们”的价值观。诚信，这是人类共同拥有的价值观，谁违背谁承担责任。

感恩时代造就自己

——马云 2013 年在斯坦福大学演讲

我是昨天在洛杉矶参加了大自然保护协会会议，我当 CEO 没几天了，今天（这次活动）可能是我离职之前最后一次参加了，我觉得非常有意义。刚才坐在下面在想，没有硅谷，可能就没有阿里巴巴，还有这里的老朋友，我们很多朋友都相处了十多年了。

我自己坐在下面在想，这真是很有意思的时代。王坚刚刚在讲我的那个故事，这是真实的故事。记得在 1995 年、1996 年，我是晚上骑着自行车上班，在杭州文二街。看到几个人在偷窨井盖，我也没有什么武功，一看人家个子那么大，我看打不过人家，我就骑着自行车到处去找人，看有没有警察。大概五分钟以后，没找到警察，因为我脑子想到那个窨井盖，前几天有个孩子掉进窨井盖里，在窨井里淹死了。

我觉得影响还是不小的，我返回去，骑着自行车，人还跨在自行车上，大声说你们把它抬回去，他们几个人看了我一眼，我估计这个时候他们会冲过来，我应该要跑。但是我也不知道哪儿来的勇气，我还是说你们把它抬回去。这个时候突然来个人，问我说什么，突然有人帮忙，我说他们在偷窨井盖，必须把它拿回来。我说得很激动，后来才发现边上有摄像机，他们（电视台）在做测试。那天晚上据说我是杭州唯一一个通过这个测试的人。

我想想这个还是蛮有意思的事情，有的时候世界上发生变化，如果你自己不采取一点小小的行动，这个变化就跟你没关系；如果你有一点行动，你就可能是这个变化的受益者。所以那天，他们拍了以后，杭州电视台放了，现在这个片子还找得到，放出来的结果是，所有人说马云看起来像坏人。那是第一次上电视台，没经验。第二次上电视台，上的是中央电视台的节目，是《东方时空》中的《老百姓的故事》，我是一家家跑国家部委，希望他们用互联网，被拒绝了。现在那个人已经过世了，是《东方时空》的制片人。那个片子拍完以后，在审片的时候导演讲，这个片子不能用，第一互联网很敏感，第二马云看上去像个坏人，所以不能用。

这么多年来，从小到大，从来没有人说过我能干，说过我聪明，说过马云你有一天会做成什么事，但我真觉得很好奇，居然可以走那么多年，而且居然还活着。我从 1994 年年底、1995 年年初就开始做互联网，比瀛海威早半年，在中国互联网界应该是第一。当初在北京中关村立着“中国人离高速公路有多远”这个牌子的时候，其实我已经创业了半年。我去看了看，他在北京创业的时候住在什么大楼里，当然有钱，我们那个时候才只有 5 万块钱。跟他聊了半小时，我觉得互联网一定有希望，但是希望一定不在他身上，因为我觉得如果死，他一定比我死得早，我只要成为最后一个死的，我觉得就有机会。

稀里糊涂走了那么多年，我觉得要感谢这个时代，感谢互联网，感谢这个路上很多很多的朋友，但特别感谢的是硅谷给了我很多启发。1995 年在中国做互联网的时候，所有人认为我是骗子，我根本不知道自己在说什么，当然我是说不清楚自己在说什么，因为我不懂计算机，完全不懂技术。但是每次到这里来，感觉到周末，所有停车场里，车都堆满了，每次晚上回去都堵车，甚至周末你看见所有的大楼全都是灯光通明，你跟人家讲，每个人眼里充满了对未来的遐想。所以回到中国，总觉得，哎呀，人家干了那么多，我们应该弄点什么，最后决定做互联网。

我记得第一次去哈佛讲，那个时候还以为自己很成功，哈佛请我去讲，去哈佛，肯定很成功了。所以我第一次在哈佛比这个场地还大的地方讲为什么在中国搞互联网，我们活下来了。2001 年讲活下来了，现在想好幼稚，无知者无畏。讲三个原因，为什么活下来了，这三个原因真有道理。第一个我们没有钱，第二个我们不懂技术，第三个我们从来不规划。当然那个时候哈佛的教授听了很生气，学生听了很高兴。那个演讲我估计有录像，我还没说另一件事情，我申请哈佛都被拒绝掉了。第二个活下来是真的，因为没有钱，我们真的没有钱，那个时候做互联网，我是当老师出身的，后来去自己创业，然后在外经贸部工作，也是每个月拿了4000块钱工资，那算是临时工。

开始创业的时候只有5万块钱，我们花任何一分钱都可能会死掉，我的竞争对手个个比我强。我后来明白一个道理，很多创业者死掉，是因为有太多的钱，因为你觉得用钱可以去解决问题的时候，你的问题就来了。我认为能用钱解决的问题都不是问题。钱只是去解决问题的一个重要的手段而已。所以很多人说我有钱，我可以干这个。从这天开始就是失败的开始。

到今天为止，阿里巴巴可能是中国互联网甚至全世界互联网现金储备算比较多的公司，我们依旧保持这样的风格，我们希望我们应该懂得，我很多年前讲过，一家公司的钱就像一个国家的军队，不能轻易动，一旦要动，必须得严。钱不能乱花，别以为有钱就能解决问题。第二我们没有技术，我不懂技术，我真不懂技术。我到今天为止，还不明白coding（译码）是怎么回事，我到今天为止，还是不懂互联网技术到底怎么搞出来的，但不懂技术不等于我不尊重技术。在阿里里面技术人员不可能跟我吵架，14年中没有吵架，没法吵，我们没法吵架。我觉得阿里最幸运的事也是CEO不懂技术，如果CEO很懂技术，天天坐在你边上，你肯定干不好。因为我不知道怎么干，所以我很敬仰地看着他们。

到今天为止，我对我们公司工程师非常敬仰，因为没有一条代码是我写的，是我检查的，但是今天它影响了成千上万的人，我觉得是他们把我们的空想变成了现实。我真的非常尊重工程师，是你们改变了这个世界，所以工程师在我们公司里非常受尊重。一直以来，所有人认为阿里巴巴是没技术的，原因是我不懂技术，实际上我们公司的工程师受了很多委屈。也有人说过这句话，马云你不懂技术，我说王石你是房地产公司的，你会造房子吗？

那不是一个概念，外行是可以领导内行的，关键是尊重内行。因为不懂技术，我变成公司里面唯一一个检测技术产品的人，我能检测这个东西管用不管用，因为80%的人跟我是一样的，我们敬畏技术，我们害怕技术，只要管用就行。如果马云说不会用，这个事再好，也瞎掰。我们帮助中小企业做电子商务，如果好复杂，要看说明书，根本没法活下来。所以我那个时候是产品测试员。

我为什么退休？我现在连测试都不会测试了，真是发展得太快了。我相信更多的年轻人测试也干得比我好，我干吗还当这个CEO？我真的老了。不懂技术，就要尊重技术，欣赏技术，敬畏技术。技术重要，但是技术背后的那些人更为重要，因为没有信仰，技术只是工具，如果有会利用的人，这些技术就变成生产力，就变成创新，变成影响社会的东西。所以我们不懂技术。我有另外的心态，我相信中国甚至世界不缺技术，缺的是对技术的欣赏，对技术的敬畏。

第三个，我们没有计划。我真的没有写过商业计划，就有一次在硅谷，要回国去，就写了一个商业计划，被一个风险投资说NO，你得给我写份正式的，从那时开始没有再写过。因为1995年、1996年、1997年，让你写互联网的商业计划，要么你在欺骗投资者，要么你在欺骗自己，你根本不知道会发生什么事情，有些风险投资让你写很详细的商业计划，怎么可能？我自己都不知道，找斯坦福的MBA可以写这么漂亮的（计划），管用吗？

不管用，用行动写出来才管用。我后来的想法是计划不要写，我们人生就是计划，慢慢地执行。拥抱变化，变化是最好的计划，但是你自己不要丢掉你自己的方向感。我们这么多年来就坚持这些。但是今天，我要告诉大家，很多人听话听一半，我在哈佛说，I never plan，但是没有说我们never plan。我们公司的其他人有很好的plan。

我从没想过马云会有今天，我从未想过阿里巴巴会有今天，更没想到淘宝有今天，支付宝有今天，我更没想过中国互联网有今天。真心实话，今天把马云的99.9999%财产拿走，我觉得都拿走，剩下0.0001%，对我来说也是很多。因为我这个人本是没有机会成功的。做阿里巴巴，我们会有追求，但是我没想过会这么大，远远超过我的想象。所以我在想，为什么？我们为什么有今天？其实我们处在很好的时代，尽管今天这个时代很有意思。这个时代是抱怨最多的时代，这是最好的时代也是最坏的时代，这个时代没有人是欢乐的，在中国，甚至在世界上可能也差不了多少，你比一比，会好很多。跑到美国，你觉得美国这不对，那不对，还是中国更好。在中国，这不对，那不对，还是美国更好。在中国是政府不相信人民，人民不相信政府，媒体不相信老百姓，老百姓不相信媒体。在美国也是这样，穷人不高兴，富人也不高兴。为什么？我们处在变革的时代。前30年中国经济的发展，我也相信邓小平30多年以前下这个决定时，也没有想过中国会变成这个样子。30年以前的企业家根本没有想到今天他们居然能够这个样子，中国会这个样子。现在中国已经发生了令人惊讶的变化，30年前的中国比今天的朝鲜好不到哪儿去，甚至更糟糕。但是这30年发生的变化，这30年我们也没有想到经济发展得这么快，没有想到环境会遭到破坏，没有想到人变得那么浮躁，有钱的人希望变得更好，没钱的人希望更有钱。未来30年中国还处在变化之中。

但是任何一种时代的变化，任何一种社会矛盾，都是年轻人的机会。如果不变化，在座的你们一点机会都没有；如果不变化，工业时代将走下去，人家就论资排辈，轮不到你。只有变化，才是年轻人的机会。我这个人喜欢挑战变化，我爸从小希望我专注一样东西，但是我永远没专注过，我认为不专注就是最大的专注。练书法，我是甲骨文式的书法，我是自成一套，因为以前按正规写法写实在太难看，我的字写得跟画画一样。因为正规的写法永远比不过别人，所以就画画，画画可以。原因是什么？我们必须适应变化的时代，你不变化一定死，没机会，你变化了也许有机会。所以我感谢这个了不起的时代。

我们有时候很后悔，男生小时候总是想我怎么没生在战争年代，那个年代我可能是将军，那我能干什么。其实想想看，战争真好吗？

这个世界上最糟糕的事情就是战争，但是我们今天可以不通过战争，通过经济的发展，中国自己的创新，就可以影响一个时代，影响一个社会。今天你可以不当总理，不当部长，不当省长，就可以影响成千上万人。一个小小的软件，小小的功能，小小的 idea，只要你真心认同这个 idea 并且去做的时候，这个世界就会发生变化，这是很有意思的。

所以我对创意其实有一个想法，假如马云能够成功，80% 的年轻人都能成功。我是真想证明这一点。小学我读了七年，真的，因为我们小学太差，没中学要我们，多读了一年。杭州有个中学只存在了一年，叫千水中学，可能历史上都没有这个名字。有一年我们从学校毕业出去，没人要，老师说学校就变成中学吧。我高考考了三次，很多人都知道。斯坦福，我连想都不敢想。到今天为止，我们觉得有的时候自己努力过，生活在一个好时代，加上一些好朋友，加上一些好的机会，就能成功。运气非常重要，没有运气，你做不了这项。

但是运气怎么来的？走着走着，运气自然会来。运气很有意思，就像种在外面。这个世界上，有人相信上帝，有人说人这一辈子是注定的，你能挣多少钱，比如，你这一辈子能挣一百万，你超过两百万，你就要开始倒霉了。别人的运气就有五个，你有第七个，你就开始倒霉了。如果你运气多的时候，把它分享给别人，种在别人那儿，这个运气就像今天种下去的豆子，有一天会长出来，你才有可能多一点。

阿里从第一天起，我们真有这个想法，让天下没有难做的生意。

我们就想帮助创业者，没什么，因为我自己创业太累了，真累，每一天都在担心有钱吗，每一天都在想有没有客户来买我们的产品，客户比亲爹还亲。小企业太辛苦，尤其是在中国，当然全世界的小企业都辛苦，中国最辛苦。所以我们觉得今天可以用互联网的技术来帮助这些小企业成功。互联网是有机会帮助小的 idea 变成现实的，没有互联网技术，哪来的谷歌，哪来的雅虎，哪来的 Facebook，哪来的腾讯？

今天这种技术能够帮助每个小餐饮老板，帮助每个人把小的 idea 变成现实。到今天，阿里巴巴能够帮助小企业，让你们都变成淘宝的消费者。我在离开杭州，到美国来之前，跟公司管理层一再强调，阿里巴巴不是一家消费者的公司，我们成立第一天的使命就是让天下没有难做的生意。我们作为消费者，知道小企业需要消费者，如果要成长为一家消费者公司，我个人觉得阿里巴巴的 DNA 并不是很好。

这世界变化多快，你很难了解消费者真正的需求，我们的小企业更难了解他们的客户需求，所以我们所做的一切努力，我们所有的策略是用技术去帮助无数的小企业变得更强大，更适应未来消费者市场的变化。我们希望那些小企业能够用技术跟大公司抗衡，原先大公司有钱，有影响力，有关系，我们希望每个年轻人，只要你有 idea，你不需要有关系，只要你愿意努力，你也有机会成功。

我们说得容易，马云能够成功，大家都能成功。但是你真的要给大家成功的机会。今天很多年轻人动不动爬到屋顶上，说要政治体制改革，改革了就有机会。其实跟你们真没关系。我说这个话绝对有人会批评，马云你怎么不讲政治体制？其实你们改不了它，改了又怎么样？而且说这些话的人，绝大多数都有外国护照，说跑就跑。把自己的梦想变成社会的梦想、国家的梦想，有的时候国家的梦想很成功，但是跟你有关系吗？也未必，让每个人梦想成真，这个社会的梦想才会成真。

阿里巴巴在跟谁竞争？以前说跟 ebay 竞争，跟雅虎竞争，我们到处跟别人竞争，后来发现我们在跟上一代人竞争，在和未来竞争。我们这些人怎么看待未来？我们希望社会怎么样？我们希望我们关心、帮助的人变成什么样？如果你这么去做，这个世界可能会走得更好。

有的时候活动是政治家干的，然而绝大多数活动是企业家干的，是年轻人干的。所以我们现在假设阿里能够在进步过程中做出自己能做的事情，则更为现实。你不管有多大的理想，自己能干是最关键的，自己能做好才是根本。所以阿里巴巴变成这样的公司，今天的梦想还是这样，我们要做市场。如果从理想来讲，希望社会进步；从商业来讲，今天这个市场太大了，中国有无数的小企业，美国有无数的小企业，非洲有无数的小企业，只要有小企业的地方，我们都会有机会。如果没有小企业，我们把大企业搞小。

工业时代是靠规模取胜，信息时代、数据时代是靠创新取胜，靠个性化取胜。大数据会直接把大企业搞小、搞惨、搞破，把小企业搞灵活。这是个性化的时代。所以我很高兴我们活在这个时代。我们公司很奇怪，从多年前开始到现在为止，所有我参加的活动，我们公司内部的活动，我们都有记录，都有 DVD 录在那里，以备失败了被人家当案例查，成功了也要让人家知道当时这个决定怎么做的。我说过很多话，阿里巴巴可能会失败，但是走阿里巴巴这条路的人一定会成功。我们失败，可能因为我们不聪明、我们没有变化或者我们的变化是错误的，但是有人走这条路，一定会成功，会帮助无数的小企业。

人家说你帮助小企业，怎么去搞金融呢？我告诉大家，阿里做阿里的小微金融，我们真的不是去挣这个钱，中国不缺银行，中国有的是银行，而且银行个个都很大。我记得我成立的第一家公司，叫海博翻译社，为了三五万块钱的贷款，我把我们店里所有的东西拿去抵押，还托了很多关系，可还是拿不到钱。今天我们要用技术，让无数的小企业不用担保、不用抵押，凭信用就可以贷款，让信用等于财富，这是我们经营阿里的使命。当人们的行为都变成信用，这些信用又变成财富的时候，社会才能拥有正能量。

我信任你，我相信我们公司很多同事说乞丐也可以贷款，为什么乞丐不可以贷款？只要从今天开始，我愿意注重信用，但是你真做这个，你背后是需要大量的技术、大量的思考、大量的人力支持的。所以今天很有意思，以前改变世界需要用枪火、炮火，今天改变世界是用想法加技术，技术可以改变很多人的生活。我最得意的事情是我去吃饭，有人过来说，他帮我埋单。我在一个酒店门口坐车，过来一个小伙子给我打开门，说谢谢马云，我在这里打工，我老婆开了一个淘宝店，挣的钱比我多。我吃饱饭，有人过来递雪茄，说谢谢你，我在淘宝、阿里上赚了不少钱。尽管我觉得很内疚，我啥也没干，我只是带着大家伙往前冲。

这是很有意思的时代。像阿里一样，无数的公司前赴后继，通过自己的努力，改变人的生活。中国和世界其他国家一样，未来 30 年是世界变革激荡的 30 年，大家有想法真正去做的时代，就是年轻人的时代。

我今天到这里来，就想感恩，第一个我感谢硅谷，我感谢每天晚上的路灯，感谢交通堵塞，刚才我还说杭州交通差。人总会找到解决方案，只不过不是今天，如果你真想去解决，总会有一些方法。我看到硅谷餐厅里半夜还在谈工作的人，很感动，没有这些人的努力和坚持，就不会有我们的今天。所以阿里到目前为止发展得不错，我们到美国来，我们会到美国来，我们希望加大这里的投资。不是要和谁竞争。我们还很感恩，美国的梦想在这里不仅仅点燃了美国人，也帮助了无数中国人。在中国有无数的美国天使。而我感谢他们，是因为这个世界上有硅谷这种地方，有些火种放在硅谷点，可能会点大。但是硅谷有那么多竞争，可能火点不大，那就放到杭州去。

很多人说马云你这个雅虎中国买得真的不是时候，买得那么贵，但我觉得一点不贵，重新来过，我还会买。真心话。有的人认为很多时候，我马云做事，是为了掩盖自己的错误。但购买雅虎中国我们真是没有想办成传统一样，买家公司进来以后，它越来越大地发展，我们只是把雅虎吃了，消化了。没有雅虎这个交易，没有工程师的思考，没有雅虎当时的思想，阿里就不可能挤到广告平台上。但我们的想法放在雅虎中国这个子宫里太小，必须放在淘宝的子宫里才能长大。中国有巨大的市场，市场不可想象，淘宝一天有一亿多的消费者冲进来，你能想象中国三四线城市巨大的成长吗？你有没有想过我们的很多担心其实都可以跨越，这个担心你没跨过，总是担心，其实跨过去就没什么了。

我们希望在美国多做点事情，不仅仅是为了竞争，有的时候竞争是商业的必需，如果害怕竞争，你就不要做商业，做商业怎么可能不涉及这个，所以做企业不要害怕竞争。我们到美国来，我们希望我们能够为美国中小企业做些什么事情。我们希望让这儿的火能够烧得更旺一点。老毛说星星之火可以燎原，把创新的 idea 在全世界铺开，这才是我们。今天在座的工程师，如果你们有一天希望做这个事，希望做件不同的事情，也许中国是一个很好的地方。我今天讲这个话，是替大家讲，选择一个变化的地方，才是发展的地方。欢迎大家来阿里巴巴，来这里工作也可以，去杭州工作也欢迎，北京也可以。

第二个，我们敬畏技术，我们敬畏未来的发展，我们已经够幸运了，对阿里来讲，我们确实够幸运了。今天我们需要把这些运气种到更多的人身上去，种到更多的地方去。人不能太贪，我们已经得到了超越我们所要的东西，今天我们是很辛苦，但是我们还是超越了，远远超越。所以我们希望更多的人来加入。未来的时代是变化多端的，如果你今天想试一试或者想去战场上试一试，那么，在新的地方尝试新的方法。很多年轻人晚上想了千条路，早上起来走原路。我跟很多朋友以前都讲过，跟我出发去创业吧，但他当天晚上一想，哎呀，不太好，要等明年。去年我见到他，当时他的脸都是青的。当然，没有人能保证结果是赢，当然也没有人能保证都是失败。很多人都曾预言我会失败。所以我不太想说听天由命，但是这辈子去努力一下，去尝试一下，去尝试改变，不是什么坏事。

生活将是我的工作

——马云 2013 年卸任演讲

大家好，谢谢各位，谢谢大家，从全国各地，从美国、英国、印度来的同事，感谢大家来到杭州，感谢大家参加淘宝的十周年。今天是一个非常特别的日子，但是对我来讲，我期待这一天很多年了，最近一直在想，在这个会上跟所有的同事、朋友、网商，所有的合作伙伴，我应该说些什么。

但也很奇怪，就像姑娘盼着结婚，到了结婚这一天，除了会傻笑，不知道该干什么了。我们是非常幸运的人，十年前的今天是 SARS（非典）在中国最危险的时候，所有人都没有信心。但是阿里的年轻人，我们相信十年以后的中国会更好，十年以后电子商务会在中国受到更多人的关注，很多人会用，但我真没想到，十年以后我们变成了今天这个样子。

这十年无数的人付出巨大的代价，为了理想，坚持走了十年。我一直在想，即使把现在阿里巴巴集团99%的东西拿掉，我们还是值得，今生无悔，更何况我们今天有了那么多朋友，那么多可相信的人，那么多坚持的人。

是什么东西让我们有了今天？是什么让马云有了今天？我是没有理由成功的，阿里没有理由成功，淘宝更没有理由成功，但是我们居然走了这么多年，依然对未来充满希望，其实我在想是一种信任。

当所有人不相信这个世界，所有人不相信未来的时候，我们选择了相信，我们选择了信任，我们相信十年以后的中国会更好，我们相信同事会做得比我们更好，我们相信中国的年轻人会做得比我们更好。

二十年以前也好，十年以前也好，我从没想过，我连自己都不一定相信，我特别感谢我的同事信任我，当CEO很难，但是当CEO的员工更难。但现在，你居然会从一个你都没听见过的名字——“闻香识女人”那里，付钱给她，买一个你从来没有见过的东西，经过上百上千公里，通过一个你不认识的人送到你手上。

今天的中国拥有信任，每天2400万笔淘宝的交易，意味着在中国有2400万个信任在流转着。在座所有的阿里人，淘宝、小微金服的人，我特别为大家骄傲，今生跟大家做同事，下辈子我们还是同事。因为你们让这个时代看到了希望，在座的你们就像中国所有的80后、90后那样，你们在建立着新的信任，这种信任让世界更开放、更透明，让人们更懂得分享、更敢于承担责任，我为你们感到骄傲。

今天的世界是一个变化的世界，三十年以前我们谁都没想到今天会这样，谁都没想到中国会成为制造业大国，谁都没想到电脑会深入人心，谁都没想到互联网在中国发展得这么好，谁都没有想到淘宝会做起来，谁都没想到Netscape会倒下，谁都没想到雅虎会有今天。

这是一个变化的世界，我们谁都没想到我们今天可以聚在这里，可以继续畅想未来。我跟大家都认为电脑够快，其实互联网还要更快，很多人还没搞清楚什么是PC互联网，移动互联网来了，我们还没搞清楚移动互联网的时候，大数据时代又来了。

变化的时代是年轻人的时代。十年以前我们看到无数个伟大的公司，我们曾经也迷茫过，我们还有机会吗？但是，通过十年的坚持、执着，我们走到了今天。假如不是一个变化的时代，在座的所有年轻人，轮不到你们，工业时代是论资排辈。

就是因为我们把握住了所有的变化，我们才看到未来。未来三十年，这个世界、这个中国将会有更多的变化，这些变化对每一个人都是机会。我们很多人埋怨昨天，埋怨三十年以前的问题，中国发展到今天，谁都没有经验，世界发展到今天，谁都没有经验，我们没有办法改变昨天，但是三十年以后的今天是我们今天这帮人可以决定的。改变自己，从点滴做起，坚持十年，这是每个人的梦想。

我感谢这个变化的时代，我感谢无数人的抱怨，因为在别人抱怨的时候，我才会有机会，只有变化的时代，才是每个人看清自己有什么、要什么、该放弃什么的时候。

参与阿里巴巴建设的14年，我很荣幸。我是一个商人，今天人类已经进入了商业社会。但是很遗憾，这个世界，商人没有得到他们应该得到的尊重，其实商人在这个时代已经不是唯利是图的一群人，我想我们跟任何一个艺术家、教育家、政治家一样，我们在尽自己最大的努力，去完善这个社会。

14年的从商经历，让我懂得了人生，让我懂得了什么是艰苦，什么是坚持，什么是责任，什么是别人成功了才是自己的成功。我们最期待的是员工的微笑。

从今天晚上12点以后，我将不是CEO，从明天开始，商业就是我的票友，我为自己从商14年深感骄傲。看到你们，看到中国的年轻人，我不希望有一天我们这些人再来一个“致我们失去的中年”。这世界谁也没有把握你能红5年，没有谁可能说你会不败、你会不老、你会不糊涂。解决你不败、不老、不糊涂的唯一办法，就是相信年轻人，因为相信他们就是相信未来。

我将不会再回到阿里巴巴做CEO，请我我也不回来，因为我回来也没有用，你们会做得更好。做公司做到这个规模，满足了我小小的自尊，我很骄傲，但是对社会的贡献，我们这个公司才刚刚开始。所有的阿里人，我们都很兴奋，很勤奋、很努力，但我们很平凡。认真生活、快乐工作，我们今天得到的远远超过了我们的付出。这个社会在这个世纪希望这家公司走远走久，那就是去解决社会的问题。今天社会上有那么多问题，这些问题就是在座的机会，如果没有问题，就不需要在座的各位。

阿里人坚持为小企业服务，因为小企业是中国梦想最多的地方。14 年前我们提出了“让天下没有难做的生意”，帮助小企业成长，今天这个使命落到了你们身上。我还想再为小企业讲讲，有人说电子商务、互联网制造了不公平，但是我的理解是，互联网真正制造了公平。请问全国各省、各市、各地区有哪个地方为小企业、初创企业提供税收优惠？互联网给了小企业这个机会，有些企业三五年内享受了五六个亿的用户，他们呼唤跟小企业共同追求平等，小企业需要的就是 500 块钱的税收优惠，请所有阿里人支持他们，他们一定会成为中国将来最大的纳税者。

感谢各位，我将会从事一些自己感兴趣的事，比如教育、环保。刚才那首歌《拯救世界》(*Heal The World*)，这世界很多事我们做不了，这世界奥巴马就一个，但是太多的人把自己当奥巴马看。这世界每个人做好自己那一份工作，做好自己感兴趣的那份工作已经很了不起了。我们一起努力，除了工作以外，完善中国的环境，让水清澈、让天空湛蓝、让粮食安全，拜托大家。我特别荣幸介绍阿里未来的团队，他们和我一起工作了很多年，他们比我更了解我自己。陆兆禧工作了 13 年，在阿里巴巴内部经历了很多岗位，经历了很多磨难，应该讲这 13 年，眼泪和欢笑是一样多，接马云这个位置是非常难的。我能走到今天，是大家信任我，因为信任，所以简单。

我相信，我也恳请所有的人像支持我一样，支持新的团队，支持陆兆禧，像信任我一样信任新团队、信任陆兆禧。谢谢大家！明天开始，我将有我自己新的生活。我是幸运的，在我48岁，我就可以离开我的工作。在座每个人，你们也会！48岁之前工作是我的生活，明天开始，生活将是我的工作。欢迎陆兆禧！

纠结是变革前的信号

——马云2014年在清华大学演讲

首先恭喜大家，祝福大家，这是中国最了不起的一所大学之一，尽管在我心里面中国最好的大学是杭州师范大学。大家觉不觉得学校学的知识总是不够用，但是社会上的知识是取之不尽的。杭师大给了我学习的能力，获取知识的能力，清华很好，但是清华的知识永远是不够用的，而你们今天所得到的这个能力是取自自身的能力。我看到今天那么多阳光灿烂的笑脸，30年后不忘初心，依旧是这样的笑脸，这才是成功。

我今天在这儿谈一下我的感受和体验，高考我并不算很成功，考了几年，我数学考了1分那是真的，第二年考了19分，第三年考了89分，但我从来没放弃过。

我给大家一个提醒，今天你们获得了中国最荣誉的毕业证书，但是那只是一张纸，只能证明这四年、六年或者八年，你父母为你付了很多的学费，这是一张学费的通知单而已，告诉你付了那么多学费，花了那么多时间做了很多的模拟考，这仅仅是模拟考而已。也给大家一个建议，如果你们毕业于清华大学，请大家用欣赏的眼光看看杭师大的同学，如果你毕业于杭师大，请用欣赏的眼光看看自己，因为这社会上永远充满变化，永远充满着各种奇迹。

不管今天多么成功，就像刚才学会计的学生说的，你最后死的时候才能够看看你到底赢了还是亏了，所以我觉得我们刚刚开始起步。我也相信今天毕业以后，在座很多人都很担心，各种各样的担心，担心毕业以后我是学经管的，能当老板吗？我能找到一个好老板吗？能够找到好公司吗？其实这些担心都有，每天都有。我刚创业的时候天天担心能不能活下来，到后来我担心这个公司会不会长大，到今天长大了我担心它会不会倒下，现在的担心比以前多多了。我们每时每刻处于这种担心中，担心很正常，不担心才不正常。所以我想给大家的建议，也是真实的感受，这 30 年来，我天天在担心，但是我只是担心自己不够努力，我担心自己没看清楚灾难，我担心自己没把握好机遇。但有一点不用担心，你们一定会碰到眼泪、冤枉、误区、倒霉，一定会碰上，这个不用担心，你碰到这个就是迟早会来的。

另外，这是一个纠结的时代，在座所有的人今天毕业于纠结的时代，这个时代看起来充满着怀疑，充满着各种不信任，学校的老师对学生是不信任的，学生对老师不信任，媒体对大众不信任，大众对媒体不信任，甚至有各种担忧，老百姓对政府也有各种不信任。这世界看起来缺乏各种各样的机会，但这世界看起来又有各种各样的机会，这世界看起来年轻人似乎是无所不能，什么事情都可以做，但看起来年轻人什么事情又都做不了。

所以我觉得这是一个纠结的时代，恭喜大家来到了一个很了不起的纠结时代，因为纠结是一种变革，因为我们正在进入一个变革非常快速的时代。如果没有变革，就不会有阿里巴巴的今天，阿里巴巴和马云有今天，就是因为前 30 年中国的变革。

但是我想跟大家讲我心里的感受，未来 30 年中国的变革会更大，机会更大。从我这个行业来讲，这世界从 IT 正在走向 DT，这两个字的差异其实喻示着思想、文化、社会等方方面面都有很大的差异。绝大部分的人今天站在 IT 的角度看待世界，什么是 IT ？ IT 是以我为主，方便我管理；DT 是以别人为主，强化别人，支持别人，DT 思想是只有别人成功你才会成功，这是一个巨大的思想转变，由这个思想转变产生技术的转变、技术的转型。

所以我想跟大家讲，所有的变革都是年轻人的时代。当然，麻烦也会更多，但今天我看到那么多人才以后，我在想百分之七八十的要成为阿里巴巴的员工就好了，我就不用那么担心了，真的。未来 30 年我想跟随大家，你们会改变这个世界，你们会把握这个机会。纠结、变革都是年轻人的机遇，也是这个时代的机遇。

不管你怎么看，我们经常说生意越来越难做，其实生意从来就没有好做的时候。年轻人纠结于今天的IT行业被阿里巴巴、腾讯、百度搞去了，我们刚出来也觉得机会被IBM、思科、微软拿走了，但是你要相信，30年以后的中国企业一定比今天好，一定比今天大，30年后富人一定比今天多，30年以后的文化一定比今天丰富多彩，30年以后的年轻人一定会超越我们，这就是世界的变化。我爷爷说我爸不如他，我爸说我不如他，我觉得我爸比我爷爷厉害，我比我爸厉害，你们会比我们厉害。

在变革的时代，我也特别想跟大家分享一下我自己的经历。前30年我是坚持三样东西，我也希望大家去反思和思考这三样东西对你是否有用，那就是三个坚持：第一永远坚持理想主义，第二要坚持担当精神，第三要坚持乐观的正能量。

我永远相信“相信”，我相信未来，我相信别人超过相信自己。其实我数学不好，管理也没学过，会计也不懂，连预算报表到今天为止也看不懂，这是真话，我并没有觉得这是丢人的。承认自己不懂并不丢人，不懂装懂才很丢人。我到今天为止没到淘宝上购过一件物，我没用过支付宝，因为我不知道该怎么用，但我的耳朵会竖起来听支付宝到底好还是不好，因为用多了我会捍卫自己的产品，但是我不用，就永远担忧自己，因为只有担忧让我晚上睡不着觉，只有我睡不着觉，这公司才睡得着觉。我们看了《中国合伙人》，这个电影很好，但是这个电影有很大的问题，男主人公老哭，其实创业者是不哭的，是让别人哭。所以我们永远相信未来，相信年轻人，相信别人。我如果不相信别人，阿里巴巴的程序写不出来，我如果不相信别人，今天市场不会做得这么大。我们只是告诉大家什么是我们要坚持的。

第二个要有担当精神。支付宝今天存在巨大的争议，其实在2004年准备做支付宝、做阿里金融的时候，我知道有一天会碰到这样的麻烦，我也纠结过。后来在达沃斯会议上听很多的政治家、企业家在谈论什么是担当。你觉得是对的，对社会发展有利，你真相信，勇敢担当起来去做。我记得那次会议以后，我在达沃斯打电话给公司说，立刻、现在、马上去做，如果出问题我愿意去解决。去年年初在阿里金融内部会议上，我跟所有的同事讲，如果我们对中国金融改革有所创新，如果基于这个有人要付出代价，我来。我相信大家如果真的带着完善这个社会的希望，去激活金融，服务实业，稳妥创新，我们一定会越走越好，因为社会总会越来越清晰。

今天社会缺乏理想主义，缺乏担当的时候更需要理想主义，不仅仅是你需要，不仅仅是社会需要，社会最缺的东西是最稀缺的资源，做那些别人不愿意做的事情、最需要做的事情才有成就。有人说这个社会非常大，每天淘宝有几千万笔交易在进行，几千万人把自己的包裹送给一个完全不相信的人，辗转几千公里送到另外一个人手里，这是以前不可想象的。这是今天的年轻人在以不同的方法，在以技术的方法表达“信任”它真正存在。

第三个我希望大家坚持正能量，乐观地看待问题。我是犯过无数错误的人，目前阿里在前面15年内至少有100多次灭顶之灾，都过来了。可以这么讲，如果今天再来一遍，虽然我们今天的人比那时候的多，我们今天的人的知识和能力比那时候强，但是重新再走一遍，我们一定走不出来。当时我们怎么走出来的？我们坚持乐观的态度，我们相信这个世界你不成功有人会成功，我们相信阿里巴巴、淘宝能做得出来，一定有人做得出来，我们相信有人花更多的时间在学习这些东西，只是看我们是否有运气。所以我后来给自己的座右铭，也是给所有年轻人、给我同事的座右铭，“今天很残酷，明天更残酷，后天很美好，但是绝大部分人死在明天晚上”。这就是残酷的生活。所以你今天必须很努力，才能面对明天的残酷，明天你必须很努力，才有可能看到后天的太阳，但是绝大部分人是看不到太阳的。你光努力还不够，还要有运气，运气从哪里来？运气就是在自己好的时候多想想别人，自己不好的时候多检查检查自己，我相信会走过来。

今天我看到大家的微笑，这世界上最有力量的武器就是微笑，能化解所有的问题。我永远面带笑容，尽管我内伤很重。在中国要诞生这么一家企业，在中国这样的市场环境下诞生，阿里巴巴是一个偶然，也是一个必然，因为市场机制，因为一帮年轻人相信我，我们在市场上能够做出这样的东西来。

在座的每一个人都经历了无数的挑战。我跟公司同事讲，很多人说没有机会，我们从来就没赢过，我说你们赢过，在出生之前赢过几亿颗精子，来到这个世界你就成功了。来到这个世界，你们又经过无数的考试进入了清华大学，获得了今天的毕业证书，你们已经有良好的起步，良好的机会，有很好的基础。但未必有基础的人会赢，未必今天跑得快的人还是能走得很快，因为这世界就像足球一样，是圆的。我没有想过杭州师范大学的人可以当经管学院顾问，感谢钱院长给我的信任。世界是圆的，所以大家记住，今天你最好，未必明天最好，今天你最差，社会给了你很多的机会，只要你能把握，只要你肯努力。

最后给大家一个建议，永远相信你的对手不在你边上，在你边上的都是你的榜样，哪怕这个人你特讨厌。很多年以前我说，我用望远镜都没有找到过对手，人家说你好骄傲。其实他们没有听我下一句，我用望远镜找的不是对手，找的是榜样。你的对手可能在以色列，可能在你不知道的什么地方，他比你更用功。你今天获得了清华的毕业证，不学习了，你不读书了，因为你觉得我毕业于清华，而那个人毕业于杭师大，但他不断在学习，他不断在努力，不断在进取。所以这一点是我想给大家讲的，战胜你自己，才是真正的英雄。

我想我们人类今天共同面临巨大的挑战，就是知识和教育跟不上技术的发展，但这正是我们的机会。什么是抱怨？哪里有抱怨，哪里就是机会。中国电子商务发展得这么好，跟阿里巴巴其实没什么关系，是中国原来的经济基础设施太差，我们相信了这件事情，走了十年而已。今天中国的电子商务超越了美国电子商务的总和，原因不是美国不努力，而是美国昨天的基础太好。美国没有互联网金融，是因为美国的金融环境实在太好，根本插不进去，中国的金融环境不太好，才给了我们机会。所有昨天不好的事情都是你的机会，别人在抱怨的时候，你才能看到机会所在。阿里有一样东西也是我想给大家分享的，我们花30年走到今天，不是3年，我们明白一个道理，什么是战略？就是做未来最重要的事情，坚持理想，坚持正能量，坚持乐观的态度，坚持脚踏实地。我们从来就没有做成过一件事情，今天想做明天就能成功的事情，或者今年做明年就能成功的事情，因为这样，机会永远轮不到我们。今天你们最大的资本是年轻，因为年轻，你可以花十年时间打败阿里巴巴、打败淘宝。如果你有这个想法，也许只要五年，如果你希望明年就打败，你可能一辈子都打败不了。

图书在版编目（CIP）数据

马云的处世之道 / 李维文著．一南昌：江西人民出版社，2015.1

ISBN 978-7-210-07048-1

Ⅰ．①马…　Ⅱ．①李…　Ⅲ．①马云一人生哲学一通俗读物　Ⅳ．①B821-49

中国版本图书馆 CIP 数据核字（2015）第 005214 号

马云的处世之道

李维文 / 著

责任编辑 / 李月华　杨　帆

出版发行 / 江西人民出版社

印刷 / 三河市祥达印刷包装有限公司

版次 /2015 年 1 月第 1 版

2015 年 1 月第 1 次印刷

开本 /700 毫米 ×990 毫米　1/16　印张 /20.5

字数 /207 千字

ISBN 978-7-210-07048-1

定价 /39.80 元

赣版权登字 -01-2015-10